MATHEMATICS

數學(三)

楊維哲

學歷：國立臺灣大學數學系畢業
國立臺灣大學醫科肄業
普仁斯敦大學博士

經歷：國立臺灣大學數學系主任
數學研究中心主任

現職：國立臺灣大學數學系名譽教授

蔡聰明

學歷：國立臺灣大學數學研究所博士

現職：國立臺灣大學數學系兼任教授

三民書局

© 數學(三)

著作人	楊維哲　蔡聰明
發行人	劉振強
著作財產權人	三民書局股份有限公司
發行所	三民書局股份有限公司
	地址　臺北市復興北路386號
	電話　(02)25006600
	郵撥帳號　0009998-5
門市部	(復北店) 臺北市復興北路386號
	(重南店) 臺北市重慶南路一段61號
出版日期	初版一刷　中華民國八十五年九月
	三版一刷　中華民國一〇六年九月
編號	S 312020

行政院新聞局登記證局版臺業字第〇二〇〇號

4712780658284

編 輯 大 意

一、本教材係依四學分編寫，每週授課四小時。

二、本書力求銜接國中數學，特別注重數學中實驗的、觀察的、歸納的一面，由一些實例的求解，才引出數學概念與方法的發展。最後，再透過數學的觀念網，回頭重新觀照經驗世界的山河大地，更有效地解決問題。這種由經驗世界出發，創造出觀念與方法，再回歸到經驗世界，形成一個迴路，乃是數學或科學的求知活動之常軌。我們遵循著此常軌，儘量避免為數學而數學的毛病。期望在這整個過程中可以啟發學生的分析、綜合、類推、歸納、計算、推理……諸能力。

三、本書儘可能採用數學史上有趣的名例以及日常生活的實例來講解，以符合趣味性、實用性與應用性，提高學習興趣。

四、本書的行文力求親切細膩，由淺入深，尋幽探徑，期望達到自習亦可讀的地步。學習就是儘早學會自己讀書的習慣。

五、將日常生活或大自然的現象加以量化、圖解化、關係化就產生了各種數的概念、方程式、函數、幾何圖形與微積分等等，這些題材就構成了本書的骨架。

六、本書標有＊部分，授課老師可視學生程度，斟酌授課或略去不授。

數　學（三）

目　次

第三章 導數的應用

第四章 不定積分

第五章 定積分

第六章 指數函數與對數函數

楔子：微積分的誕生

甲、問題是數學的出發點

數學之發源於問題，就好像人類古文明之發源於大河旁一般，非常自然。提出問題，再尋求問題的解答 (The art of problem posingand problem solving) 乃是啟開智慧與思想的最佳法門。更確切地說，數學是人類在長期探索自然的過程中，不時地叩問自然乃至逼問自然，所創造發展出來的產物。

到底是哪些問題促成了微積分的誕生呢？微積分起源於要解決下面四類古老而實用的問題，人們才創造出解決問題的概念與方法，經過「年久月深」的改進與演化，終於發展出一門漂亮的學問。

1. **求積問題**：即求面積、體積、表面積、曲線的長度……等等；
2. **求切問題**：即求曲線的切線與法線；
3. **求極值問題**：即求函數的極大值或極小值；
4. **研究物體的運動**：即一個質點運動時，已知里程是時間的函數，如何求速度函數；反過來，已知速度函數，如何求出里程函數？

事實上，這四類問題歸結起來只有**求積**與**求切**這兩類而已；因為求極值與求速度可歸結為求切問題，而求里程也可歸結為求積問題。

用解析幾何的話來說，求切問題就是欲求過函數圖形上一點的切線，參見圖 0–1；而求積問題就是求函數圖形所圍成的面積，參見圖 0–2。

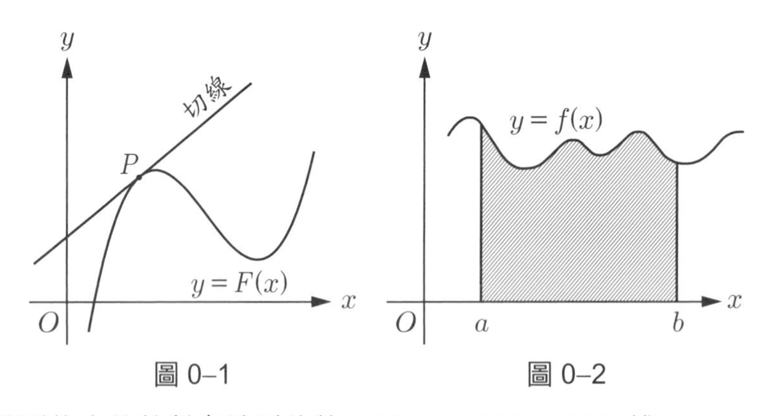

圖 0–1　　　　圖 0–2

德國偉大的數學家希爾伯特 (Hilbert, 1862～1943) 說：

> 只要一門科學仍然提供豐富的問題，那麼它就是有源之泉。

他又說：

> 當我們獻身於一個數學問題時，最迷人的事情就是在我們的內心深處響起了一個聲音：這裡有個問題，去尋求它的解答吧，只要純用思考就可以找到答案。

對於求積與求切這兩類問題，人類參悟了約兩千五百年之久才逐漸揭開謎底。求積問題發展出積分學 (Integral Calculus)，而求切問題發展出微分學 (Differential Calculus)。兩者具有互逆的演算關係，相當於一體的兩面。如果一個是開門的話，另一個就是關門，故必須合起來一起研究，統稱為微積分學 (Calculus)。

乙、以有涯逐無涯

大家對於切線與面積當然都有直觀的認識，但這還不夠，必須進一步加以精鍊。更明確地說，我們必須在概念上先澄清：

什麼叫做切線？什麼叫做面積？

要回答這兩個問題，都要使用到無窮步驟。首先我們討論切線的情形。由於相異兩點才決定一直線，但是切線在局部上它只通過一點 P。（參見圖 0–3 中最後一個圖），這是困難的所在。但是我們注意到，在通過 P 點的其他直線中都跟曲線至少有另一交點 Q，這種直線叫做**割線**。這提供給我們掌握切線的契機：考慮割線 $PQ_1, PQ_2, \cdots$，然後讓 Q_n 漸漸趨近於 P，乃至「無窮地接近」於 P，但不能等於 P，那麼割線的「**極限**」(limit) 就是通過 P 點的**切線**，參見圖 0–3。

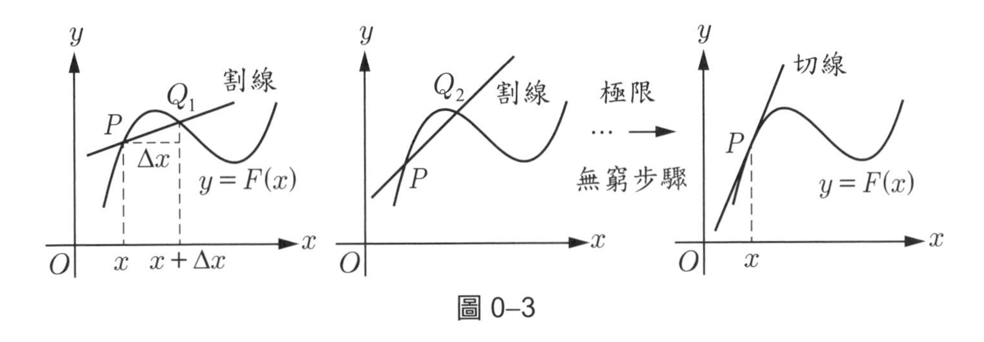

圖 0–3

$$\underset{\text{割線斜率}}{\frac{\Delta F(x)}{\Delta x}=\frac{F(x+\Delta x)-F(x)}{\Delta x}}\ \xrightarrow[\Delta x\to 0]{\lim}\ \underset{\text{切線斜率}}{\frac{dF(x)}{dx}}=DF(x)=F'(x)$$

其次我們討論**面積**。將區間 $[a, b]$ 作分割，對應於一個分割就作出許多小長條矩形，求出如下圖的陰影域之近似面積，然後讓分割一直加細下去，那麼近似面積的「極限」就是所欲求的面積，參見圖 0–4。

$$\sum f(\xi_k)\cdot\Delta x_k \xrightarrow[\text{每個 }\Delta x_k\to 0]{\lim} \int_a^b f(x)dx$$

其中 $\Delta x_k = x_{k+1} - x_k$。

如何求算呢？求切線容易，求面積難。微積分的誕生就是看出，透過容易的「**反求切線**」可以解決困難的「**求面積**」。

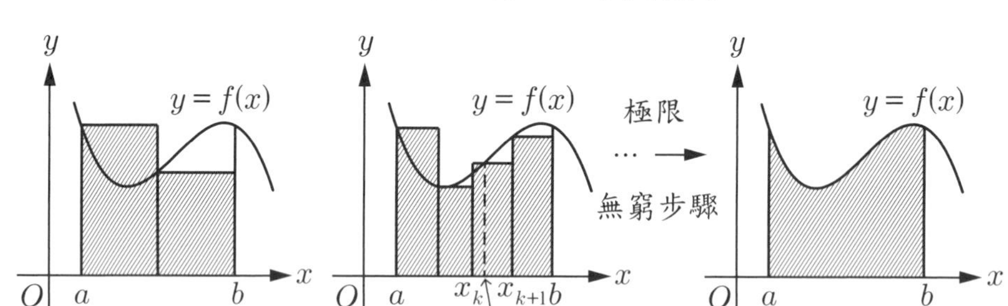

圖 0–4

莊子說：「吾生也有涯，知也無涯，以有涯逐無涯，殆矣。」這是古人面對無窮時的絕望與無助。然而微積分的求切與求積恰好是透過「極限」用「**有涯**」來迫近「**無涯**」以解決問題的學問。

下面我們利用高速公路上的車子之運動來解說這一切。

丙、牛頓由運動現象揭開微積分之謎

高速公路從基隆到高雄、屏東，是歪七扭八的，但是我們可以想像把它拉直（作個想像的實驗!）得到一條直線。將直線上每一點都賦與一個坐標，使得兩點的坐標差就代表了高速公路上相應兩地點之間的里程。這樣就得到一個坐標軸，它是真實的高速公路的**簡化**、**理想化**或**模擬**。（註：此地坐標的原點並不重要，可以任意選定，真正重要的是坐標差。）

好了，現在想像車子為一個質點在一直線上運動。車上有兩個儀器，一個是**速度儀** (speedometer)（其實是速率儀），一個是**里程儀** (odometer)。我在 t_0 時刻恰好在高速公路上的某一位置，例如泰山收費站，我看到里程表上顯示著 83477，記此數為 $x(t_0)$，並稱這個位置的坐標為 $x(t_0)$，其餘類推。這樣直線就賦予坐標，而得到一個坐標軸，於是在任何時刻 t，車子的位置就可以由里程儀讀得一個里程數，記為 $x(t)$，這樣我們就得到時刻 t 與里程儀的讀數 x 之間的對應關係：

$$t \to x(t)$$

記為 $x=x(t)$，稱 x 是 t 的**函數**。x 隨著 t 的變動而變動。函數 $x=x(t)$ 可以完全地描述車子的位置。如果我的車子是全電腦設備，就可圖解出 x 與 t 的關係，例如：

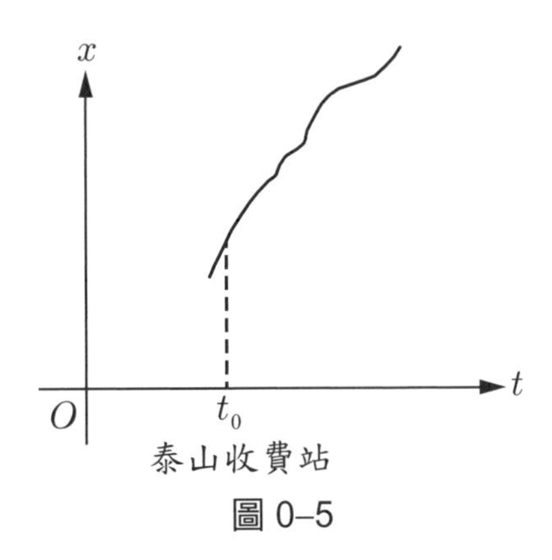

圖 0–5

1. 速度與微分

由里程儀我們可讀得位置函數 $x=x(t)$，即任何時刻 t 車子的位置（坐標）都知道。光是這樣，對運動的了解還是不夠的。實際上，車子是時快時慢的，我們希望知道這快慢的詳細情形。換句話說，我們要考慮：

問題　如何描述車子的速度？何謂速度？

也許你會說，這還不簡單，只要讀車子的速度儀就知道了。這是對的。不巧的是，我的速度儀壞了，怎麼辦？我能夠知道 $t=9$ 點鐘那個時刻的速度 $v(9)$ 嗎？

我請太太坐在旁邊，幫忙我記錄里程儀的數字，在 t_0 時刻得 $x(t_0)$，在 t' 時刻得 $x(t')$，計算 $\dfrac{x(t')-x(t_0)}{t'-t_0}$ 就得到我的車子在 t_0 到 t' 這段時間的**平均速度**（距離 ÷ 時間 = 平均速度）。今取 $t_0=9$ 並且令 $\Delta t\equiv t'-t_0$, $\Delta x\equiv x(t')-x(t_0)$。再假設我的車子極平穩地開著。那麼只要 Δt 足夠小，則 $\dfrac{\Delta x}{\Delta t}$ 和 $v(9)$ 的差別也很小，現在只要讓 Δt 越來越小，即 t' 越來越趨近於 9，那麼 $\dfrac{\Delta x}{\Delta t}$ 也會越來越趨近於一個數字，這個數字就是我的車子在 $t=9$ 的**瞬間速度**，簡稱為 $t=9$ 的**速度**。我們把這件事記為

$$\lim_{\Delta t\to 0}\frac{\Delta x}{\Delta t}=v(9)$$

或

$$\lim_{t'\to 9}\frac{x(t')-x(9)}{t'-9}=v(9)$$

此地 lim 是英文 limit（極限）這個字的縮寫。式子 $\lim\limits_{\Delta t\to 0}\dfrac{\Delta x}{\Delta t}=v(9)$ 表示當 Δt 越來越趨近於 0 時，$\dfrac{\Delta x}{\Delta t}$ 也越來越趨近於 $v(9)$ 的意思。

（註：Δ 是指差 (difference) 之（希臘字母）首字，讀成 delta。）

一般而言，對任何時刻 t，$\dfrac{x(t')-x(t)}{t'-t}$ 稱為在時刻 t' 與 t 之間的**平均速度**。（注意：t' 可大於 t，也可小於 t。）當 t' 趨近於 t 時，如果 $\dfrac{x(t')-x(t)}{t'-t}$ 會趨近於某個數，則稱此數為 t 時刻車子的**速度**，記為

$$\lim_{t'\to t}\frac{x(t')-x(t)}{t'-t}=v(t)=Dx(t)=x'(t)$$

由此我們得到一個新函數 $v=v(t)$ 叫做車子的**速度函數**。從 $x=x(t)$ 經由上述程序得到 $v=v(t)$ 就叫做**微分**，記為 $v(t)=Dx(t)$。

對於速度函數 $v=v(t)$ 再作同樣的操作，就得到**加速度函數**

$$a(t)=\lim_{t'\to t}\frac{v(t')-v(t)}{t'-t}$$

2. 里程與積分

里程儀供給我們位置函數 $x=x(t)$，利用微分法就可求得速度函數 $v(t)=\lim\limits_{\Delta t\to 0}\dfrac{x(t+\Delta t)-x(t)}{\Delta t}$。現在我們考慮另一個問題，我的車子之里程儀壞了，只剩下速度儀可用：

問題 從時刻 $t=a$ 到 $t=b$，我的車子走了多少里程?

我把 a 到 b 這段時間分割成許多小段，令 $t_0=a$，到 t_1 是一段，t_1 到 t_2 是一段，……，t_{n-1} 到 $t_n=b$ 是一段。分段最好是分得夠多，每段不太長，則每一小段的速度變化不太大，在 t_{k-1} 到 t_k 這一小段內的某一瞬間 $\xi_k\in[t_{k-1}, t_k]$，我瞄一下速度儀，知道當時速度為 $v(\xi_k)$，於是在此段時間內大約走了路程 $v(\xi_k)(t_k-t_{k-1})$，所以全部里程大約是

$$\sum_{k=1}^{n}v(\xi_k)(t_k-t_{k-1})\equiv v(\xi_1)(t_1-t_0)+v(\xi_2)(t_2-t_1)+\cdots+v(\xi_n)(t_n-t_{n-1})$$

這個大約值與我怎麼「分割成小段，隨意瞄眼查速」有關係，但是，只要分得夠細，而且速度函數 $v=v(t)$ 很好，就不會太離譜。當然，正確的答案就必須求極限了。我們把這個極限記成

$$\int_a^b v(t)dt\equiv\lim\sum_{k=1}^{n}v(\xi_k)(t_k-t_{k-1}) \tag{1}$$

這就是（定）**積分**的定義。因此積分也是在四則運算之上再加上極限的操作得到的，這跟微分的情形一樣。

總之，由位置函數 $x=x(t)$ 求速度函數 $v=v(t)$（也記為 $v(t)=Dx(t)$）叫做**微分**；反過來，由速度函數 $v=v(t)$ 求總里程叫做**積分**。

讓我們進一步來觀察(1)式所代表的幾何意義，將 $v=v(t)$ 的圖形作出如下：

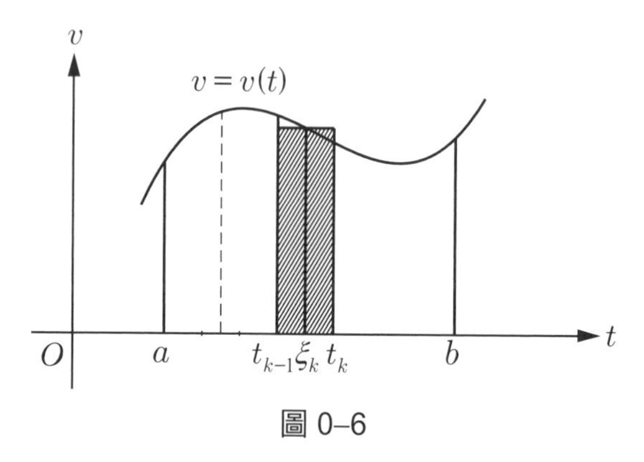

圖 0–6

則 $v(\xi_k)(t_k-t_{k-1})$ 代表圖 0–6 陰影的面積。而 $\sum_{k=1}^{n} v(\xi_k)(t_k-t_{k-1})$ 代表圖 0–7 陰影的面積。

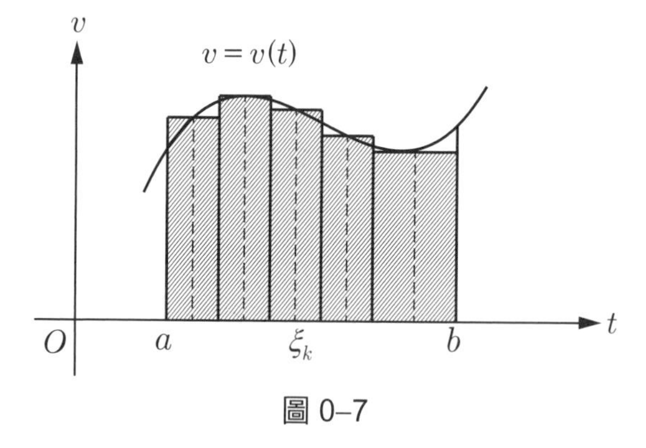

圖 0–7

因此不難看出 $\lim \sum_{k=1}^{n} v(\xi_k)(t_k-t_{k-1})$ 代表曲線 $v=v(t)$ 在區間 $[a, b]$ 上所圍成的面積。

3. 微分與積分的關係：微積分根本定理

我們說過，由位置函數 $x=x(t)$，經由微分就得到速度函數 $v=v(t)=Dx(t)$。反過來，對速度函數 $v=v(t)$ 作積分 $\int_a^b v(t)dt$ 就得到車子從時刻 a 到時刻 b 所走的里程。這個里程也可以從里程儀讀出來，就是 $x(b)-x(a)$。換言之，我們有下面的重要結果：

$$\int_a^b v(t)dt = x(b)-x(a) \tag{2}$$

其中 $Dx(t)=v(t)$，這就是**微積分根本定理**的內容，(2)式又叫做 Newton-Leibniz 公式，是微積分中最最重要的一個公式。

總之，運動現象（力學）的研究產生微積分，而微積分的發展又促使力學的研究一日千里，這是相輔相成的。數學和物理學的密切關連是天經地義的。

4. 微積分的圖解

微積分根本定理：

(1) $D\int_a^x f(t)\,dt = f(x)$

(2) $\int_a^b f'(x)\,dx = f(b)-f(a)$

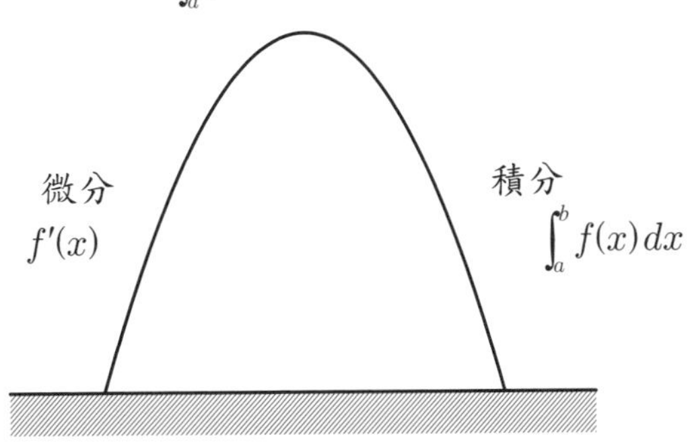

第一章　極限與連續函數

1–1　極限的定義

1–2　極限定理

1–3　連續函數

1–4　無窮與極限

從幾何的觀點來看,「**微分**」與「**積分**」分別是求算函數圖形的**切線斜率**與所圍成領域之**面積**。兩者的答案都必須經過「**無窮步驟**」(infinite processes) 才能得到,落實於**極限**的從「**有涯**」飛躍到「**無涯**」之演算。

準此以觀,微積分是道道地地的「**無窮之學**」(the science of infinity),這是微積分之所以深刻、困難與迷人的所在。

積分主要是對付**連續函數類**,而微分對付稍微局限的**可微分函數類**。因此,連續函數是建構微積分最重要的素材。

本章我們就由「**極限與連續函數**」這個微積分的地基開始談起。

1–1　極限的定義

微積分所遇到的極限有兩種類型,即**數列的極限**

$$\lim_{n\to\infty} a_n = A \tag{1}$$

與**函數的極限**

$$\lim_{x\to a} f(x) = L \tag{2}$$

極限也有兩面:**直觀易明**的一面與**深奧難明**的一面。本書我們僅限於討論直觀這一面,再配合一些**極限定理**與**夾擠原理**,這樣就可以順理成章地講述微積分了。

甲、數列的極限

考慮無窮數列 $\langle a_n \rangle$:

$$a_1, a_2, a_3, \cdots, a_n, \cdots$$

我們最感興趣的是要問：當 n 越來越大時，數列 $\langle a_n \rangle$ 的最終「歸宿」是什麼?

例 1 數列 $\langle \frac{1}{n} \rangle$: $\frac{1}{1}, \frac{1}{2}, \frac{1}{3}, \cdots, \frac{1}{n}, \cdots,$

當 n 越來越大時，$\frac{1}{n}$ 越來越靠近 0，乃至當 n 趨近於「無窮大」(∞) 時，顯然 $\frac{1}{n}$ 趨近於 0，此時我們記成：

$$\text{當 } n \to \infty \text{ 時，} \frac{1}{n} \to 0$$

或者更進一步簡記成：

$$\lim_{n\to\infty} \frac{1}{n} = 0$$

並且唸成：「當 n 趨近於無窮大時，數列 $\langle \frac{1}{n} \rangle$ 的極限為 0」。 ■

例 2 公孫龍說：「**一尺之棰，日取其半，萬世不竭。**」轉化成數學語言來說：令 n 表示日數，a_n 表示棰之長，則得到數列

$$a_1 = \frac{1}{2},\ a_2 = \frac{1}{2^2},\ \cdots,\ a_n = \frac{1}{2^n}$$

所謂「萬世不竭」，指的是「a_n 永遠大於 0」。不過，n 越大，a_n 就變得越來越小。當 n 趨近「無限大」(∞) 時，a_n 就趨近於 0，這是很顯然的，可以說是每個人的良知良能。這個事實我們用記號「$\lim_{n\to\infty} \frac{1}{2^n} = 0$」來表示，有時也寫成「當 $n \to \infty$ 時，$\frac{1}{2^n} \to 0$」或「$\frac{1}{2^n} \to 0$，當 $n \to \infty$」。換言之：「當 n 趨近 ∞ 時，$\langle \frac{1}{2^n} \rangle$ 的極限（值）為 0」。 ■

例 3　設 $|a|<1$，問 $\lim_{n\to\infty} a^n = ?$

解　$|a|<1$ 的意思是指 a 是介乎 -1 到 1 之間的一個數，但不等於 -1，也不等於 $+1$。對這種數，自乘越多次就變得越小（例如 $a=0.4$，則 $a^2=0.16,\ a^3=0.064,\ \cdots$ 等等），因此 $\lim_{n\to\infty} a^n = 0$。■

（註：例 2 是 $a=0.5$ 的特殊情形。）

例 4　$\lim_{n\to\infty} \frac{2n-1}{n} = ?$

（註：初看之下，分子與分母都趨近於 ∞，其比值一時無法決定，但是只要經過改寫（變形），極值就容易看出來了！）

解　$\because \frac{2n-1}{n} = 2-\frac{1}{n}$

$\therefore \lim_{n\to\infty} \frac{2n-1}{n} = \lim_{n\to\infty}(2-\frac{1}{n}) = 2$ ■

例 5　首項為 a，公比為 r 之等比級數，其 n 項和的公式大家都背得滾瓜爛熟：

$$a+ar+ar^2+\cdots+ar^{n-1} = \frac{a(1-r^n)}{1-r}$$

現在我們進一步問：如果項數不受限制，可以無限地加下去，那麼 $a+ar+ar^2+\cdots+ar^{n-1}+\cdots = ?$ 你應該可以看得出來要怎麼做。先考慮首 n 項的和

$$S_n \equiv a+ar+ar^2+\cdots+ar^{n-1} = \frac{a(1-r^n)}{1-r}$$

然後求極限值 $\lim\limits_{n\to\infty} S_n$，這就是我們心目中的 $a+ar+ar^2+\cdots+ar^{n-1}+\cdots$。由例 3 知，如果公比 r 滿足 $|r|<1$，則

$$\lim_{n\to\infty} S_n = \lim_{n\to\infty} \frac{a(1-r^n)}{1-r} = \lim_{n\to\infty}\left(\frac{a}{1-r} - \frac{a}{1-r}r^n\right) = \frac{a}{1-r}$$

因此我們就得到下面的無窮等比級數和的公式：

$$a+ar+ar^2+\cdots+ar^{n-1}+\cdots = \frac{a}{1-r}，但 |r|<1。$$ ■

例 6 化循環小數 $0.\overline{23}$ $(\equiv 0.232323\cdots)$ 為分數。

解 $0.\overline{23} = 0.23+0.0023+0.000023+\cdots$

$$= \frac{23}{100} + \frac{23}{100}\times\frac{1}{100} + \frac{23}{100}\times\left(\frac{1}{100}\right)^2+\cdots$$

這是首項 $a=\frac{23}{100}$，公比 $r=\frac{1}{100}$ $(|r|<1)$，之無窮等比級數，故

$$0.\overline{23} = \frac{23}{100}\bigg/\left(1-\frac{1}{100}\right) = \frac{23}{100}\times\frac{100}{99} = \frac{23}{99}$$ ■

隨堂練習 (1)化循環小數 $0.4\overline{814}$ 為分數。

(2)求極限 $\lim\limits_{n\to\infty} \frac{n-n^2}{5+3n^2}$。

一般而言，設 $\langle a_n \rangle$ 為一個數列，A 為一個實數。如果當 n 趨近於 ∞ 時，a_n 趨近於 A，並且可以辦得到要多接近就有多接近的程度，我們就說 A 為數列 $\langle a_n \rangle$ 的**極限**，記成 $\lim\limits_{n\to\infty} a_n = A$，並且說極限 $\lim\limits_{n\to\infty} a_n$ **存在**。

乙、函數的極限

接著我們考慮一個函數 $f(x)$，我們要問：當 x 趨近於 a 時，$f(x)$ 的最終「歸宿」是什麼？例如，若 $f(x)=2x+3$，則顯然當 x 趨近於 3 時，$f(x)$ 趨近於 9，記成 $\lim_{x\to 3}(2x+3)=9$。

例 7　設 $f(x)=x^2$，我們來考察 x 趨近於 2 時，$f(x)$ 的變化情形，請觀察下表：

x	1.9	1.95	1.99	1.999	2
$f(x)$	3.61	3.80	3.96	3.99	4

x	2	2.001	2.01	2.02
$f(x)$	4	4.004	4.04	4.08

由此我們看出：當 x 趨近於 2 時，$f(x)$ 趨近於 4，記成：「當 $x\to 2$ 時，$x^2\to 4$」或「$\lim_{x\to 2}x^2=4$」。此時我們也說：當 $x\to 2$ 時，x^2 的**極限**為 4。■

隨堂練習　求極限：

(1) $\lim_{x\to 3}(x^2-3x+1)$

(2) $\lim_{x\to -2}(x^3-x^2+2x+5)$

在例 7 中，我們求 $\lim_{x\to 2}x^2$，似乎是將 $x=2$ 代入 x^2 中，得到 $2^2=4$，就是我們所要的極限。但是，對於微分學所要探求的切線斜率，會出現如下面例 8 之比較特別的極限：

例 8 求 $\lim\limits_{x\to1}\dfrac{x^2-1}{x-1}=?$

解 此時，如果我們以 $x=1$ 代入 $\dfrac{x^2-1}{x-1}$ 之中，會得到 $\dfrac{0}{0}$ 之「不定形」，需特別小心加以討論（參見第四冊第十章）。另一方面，因為函數

$$g(x)=\frac{x^2-1}{x-1},\ x\neq1$$

在 $x=1$ 點沒有定義（0 不能當除數!），所以根本不能用 $x=1$ 代入 $g(x)$ 之中。

因此，在我們想像 x 趨近於 1 時，必須排除 $x=1$ 的情形，但 x 可從 1 的左右兩側跟 1「無限地」接近。

我們先觀察 x 趨近於 1 時，$g(x)$ 的變化情形：

x	0.9	0.99	1	1.001	1.01
$g(x)$	1.9	1.99	無定義	2.001	2.01

由此易看出

$$\lim_{x\to1}g(x)=2$$

其次，在 $x\neq1$ 的情況下，我們可以將 $g(x)$ 先化簡：

$$g(x)=\frac{x^2-1}{x-1}=\frac{(x-1)(x+1)}{x-1}=x+1$$

$g(x)$ 的圖形如下面圖 1–1 所示。

再求極限就容易了：

$$\lim_{x\to1}\frac{x^2-1}{x-1}=\lim_{x\to1}(x+1)=2$$ ■

（註：在 2–1 節裡，我們可知這個極限值 2 就是通過拋物線 $y=x^2$ 的 (1, 1) 點之切線斜率。）

例 9　設函數 $h(x)$ 定義如下：

$$h(x)=\begin{cases} x+1, & \text{當 } x\neq 1 \text{ 時} \\ \pi, & \text{當 } x=1 \text{ 時} \end{cases}$$

試求極限值 $\lim\limits_{x\to 1} h(x)$。

解　首先我們注意到，例 8 之 $g(x)$ 與此例的 $h(x)$ 只在 $x=1$ 處有差異，其餘點取值皆相等。$g(x)$ 在 $x=1$ 點沒有定義，$h(x)$ 在 $x=1$ 點有定義並且取值為 π（參見圖 1–1 與圖 1–2）。

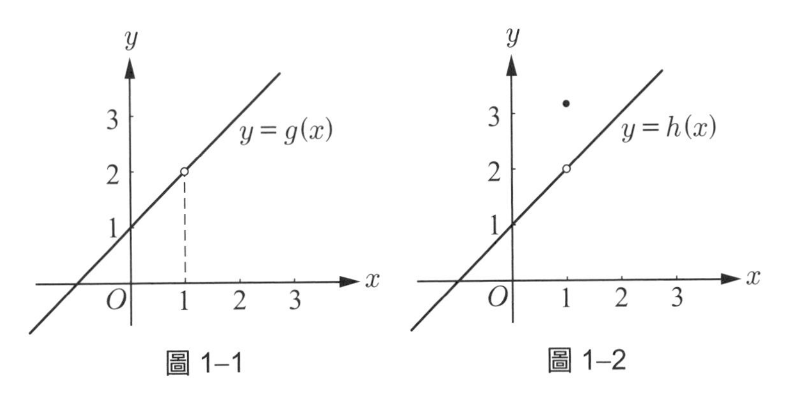

圖 1–1　　圖 1–2

因為 $h(x)=x+1,\ x\neq 1$，故

$\lim\limits_{x\to 1} h(x)=\lim\limits_{x\to 1}(x+1)=2$

因此極限值跟 $h(1)=\pi$ 無關。■

上述三個例子（例 7、例 8 與例 9）告訴我們，在 $\lim\limits_{x\to a} f(x)=L$ 中，f 在 $x=a$ 點處可能有定義，也可能沒有定義；即使 f 在 $x=a$ 點有定義，極限值 L 可能等於 $f(a)$，也可能不等於 $f(a)$。

一般而言，如果在 $x\neq a$ 之下，當 x 趨近於 a 時，$f(x)$ 趨近於一個有限數 L，並且可以辦得到要多接近就有多接近的程度，我們就說：當 x 趨近於 a 時，$f(x)$ 的**極限值**為 L；記成「當 $x\to a$ 時，$f(x)\to L$」或「$\lim\limits_{x\to a} f(x)=L$」，並且說**極限值** $\lim\limits_{x\to a} f(x)$ **存在**。

例 10 求極限值 $\lim\limits_{x\to 0}\dfrac{(3+x)^2-9}{x}$。

解 在 $x\neq 0$ 之下

$$\frac{(3+x)^2-9}{x}=\frac{6x+x^2}{x}=6+x$$

$$\therefore \lim_{x\to 0}\frac{(3+x)^2-9}{x}=\lim_{x\to 0}(6+x)=6$$ ■

例 11 求極限值:

(1) $\lim\limits_{t\to 4}\sqrt{t}$ (2) $\lim\limits_{t\to 4}\dfrac{\sqrt{t}-2}{t-4}$

解 (1)觀察下表:

t	3.9	3.99	4	4.001	4.1
$\sqrt{t}$	1.97	1.997	2	2.0002	2.025

由此易知

$$\lim_{t\to 4}\sqrt{t}=2$$

(2)在 $t\neq 4$ 之下

$$\frac{\sqrt{t}-2}{t-4}=\frac{\sqrt{t}-2}{(\sqrt{t}-2)(\sqrt{t}+2)}=\frac{1}{\sqrt{t}+2}$$

當 $t\to 4$ 時，$\sqrt{t}\to 2$，所以

$$\lim_{t\to 4}\frac{\sqrt{t}-2}{t-4}=\lim_{t\to 4}\frac{1}{\sqrt{t}+2}=\frac{1}{4}$$ ■

隨堂練習 求下列各式的極限值:

(1) $\lim\limits_{x\to 3}(x^2+2)$ (2) $\lim\limits_{x\to 2}\sqrt{3x+1}$

(3) $\lim\limits_{x\to 2}\dfrac{x^3-8}{x-2}$ (4) $\lim\limits_{h\to 0}\dfrac{\sqrt{x+h}-\sqrt{x}}{h}$

丙、單側極限

在極限式 $\lim_{x\to a} f(x)=L$ 中，x 是在 $x\neq a$ 之下，由 a 的左右兩側趨近於 a。如果我們考慮 x 僅由一側來趨近於 a，就得到**單側極限**的概念：

(1)在 $x\neq a$ 且 x 由 a 的左側趨近於 a（即 $x<a$ 且 $x\to a$）時，若 $f(x)$ 趨近於 L，則我們就說：「當 $x\to a$ 時，$f(x)$ 的**左（側）極限值**為 L」，記成

$$\lim_{x\to a^-} f(x)=L$$

或者

$$\lim_{x\uparrow a} f(x)=L$$

(2)在 $x\neq a$ 且 x 由 a 的右側趨近於 a（即 $x>a$ 且 $x\to a$）時，若 $f(x)$ 趨近於 L，則我們就說：「當 $x\to a$ 時，$f(x)$ 的**右（側）極限值**為 L」，記成

$$\lim_{x\to a^+} f(x)=L$$

或者

$$\lim_{x\downarrow a} f(x)=L$$

根據極限 $\lim_{x\to a} f(x)=L$ 的意思是指，當 x 趨近於 a 時，$f(x)$ 趨近於 L。此地 x 趨近於 a 的意思是指 x 可由 a 的左、右兩側趨近 a。因此，我們有

定　理

$$\lim_{x\to a} f(x)=L \Leftrightarrow \lim_{x\uparrow a} f(x)=L \quad \text{且} \quad \lim_{x\downarrow a} f(x)=L$$

這裡要緊的是，f 在 a 點不必有定義：也許有定義，也許沒有定義，這對於極限都毫無影響。

例 12 設 $f(x)=\begin{cases}-1, & \text{當 } x<0 \text{ 時}\\ 1\ , & \text{當 } x>0 \text{ 時}\end{cases}$

則

$\lim_{x\uparrow 0} f(x)=-1$

$\lim_{x\downarrow 0} f(x)=+1$

兩者不相等，故 $\lim_{x\to 0} f(x)$ 不存在！參見圖 1–3。

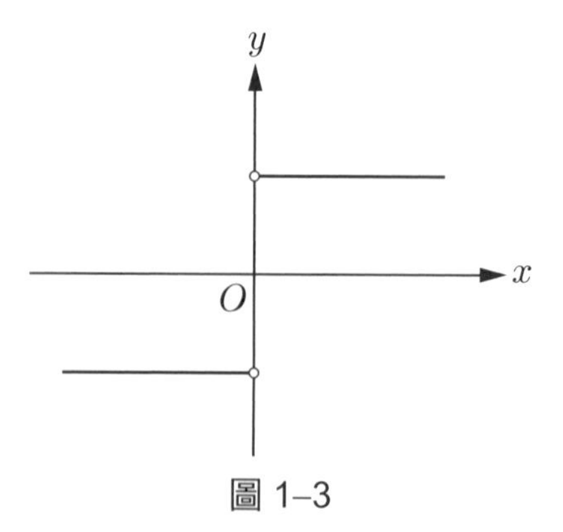

圖 1–3

這裡 f 的定義域是 $\mathbb{R}\backslash\{0\}$，即是一切不為 0 的實數全體。你也可以改為 $\mathbb{R}$，而且定義 $f(0)=0$（「折衷一下」）這並不影響上述的左、右極限值，也無法改變「$\lim_{x\to 0} f(x)$ 不存在」這個事實。 ■

（註：上面例子的函數叫做符號函數 (sign function)，sign 的英文讀法和 sine 相同。）

例 13 設 $f(x)=\sqrt{x}$，這個函數只有當 $x \geq 0$ 時才有定義，因此它在 0 的左邊沒有定義，所以我們不能談論 f 在原點的左極限，但是右極限顯然存在，並且有

$$\lim_{x \to 0^+} \sqrt{x} = 0$$

參見圖 1–4。

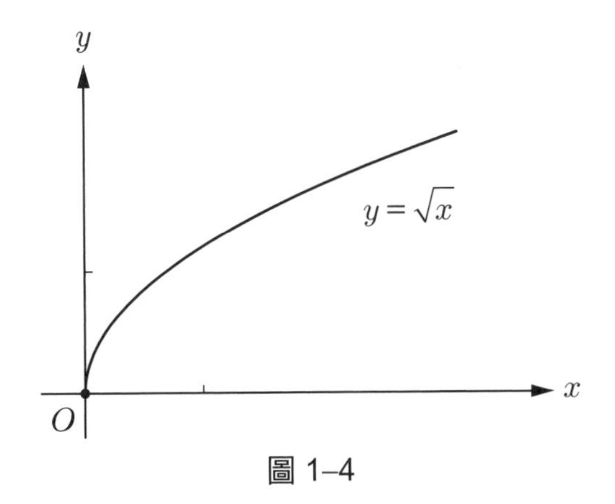

圖 1–4

■

例 14 設 $f(x)=\begin{cases} x^2\text{，當 } x<0 \text{ 時} \\ \sqrt{x}\text{，當 } x>0 \text{ 時} \end{cases}$

則

$$\lim_{x \to 0^+} f(x)=0,\ \lim_{x \to 0^-} f(x)=0$$

所以

$$\lim_{x \to 0} f(x)=0$$

參見圖 1–5。

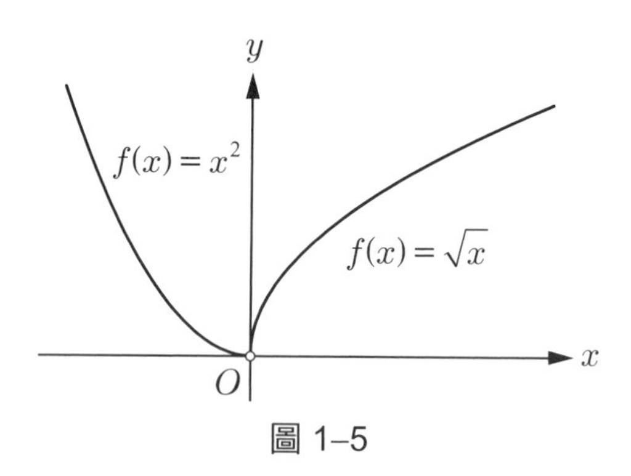

圖 1–5

例 15 高斯 (Gauss, 1777～1855) 函數定義如下：

$f(x) \equiv [x] \equiv$ 小於或等於 x 的最大整數。

（註：[ ] 表示高斯符號。）

例如：

$f(2.4)=[2.4]=2,$

$f(2.9)=[2.9]=2,$

$f(-1.2)=[-1.2]=-2,$

$f(-3.5)=[-3.5]=-4$。

上述函數的圖形如下：

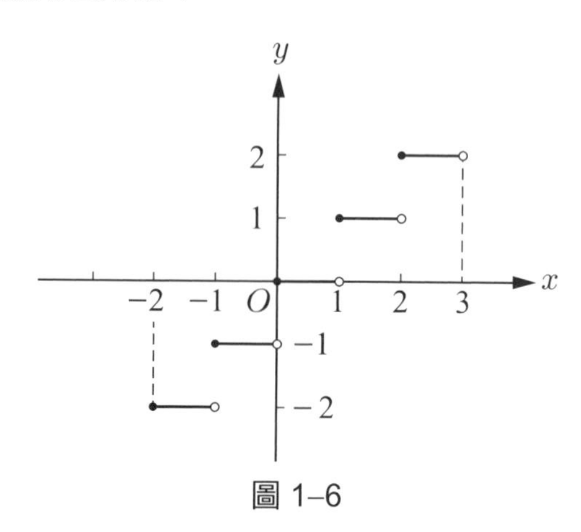

圖 1–6

於是我們有

$\lim_{x\to 2^+}[x]=2$　　$\lim_{x\to 2^-}[x]=1$

$\lim_{x\to -1^+}[x]=-1$　　$\lim_{x\to -1^-}[x]=-2$　　等等。 ■

隨堂練習　設函數 f 定義如下：

$$f(x)=\begin{cases} x-1,\ 當\ x<0\ 時 \\ 1+x,\ 當\ x>0\ 時 \end{cases}$$

(1)試作出 f 的圖形。

(2)求 $\lim_{x\to 0^-}f(x)$, $\lim_{x\to 0^+}f(x)$ 及 $\lim_{x\to 0}f(x)$。

習　題　1–1

1.求下面數列的極限值 $\lim_{n\to\infty}a_n$：

(1) $a_n=\dfrac{n}{2n+1}$　　(2) $a_n=\dfrac{1}{4n^2}$

(3) $a_n=\dfrac{4n+3}{3n+4}$　　(4) $a_n=\dfrac{n^2-1}{n^2+1}$

(5) $a_n=(-1)^n\dfrac{n^2}{1+n^3}$　　(6) $a_n=\dfrac{1}{5^n}$

(7) $a_n=2+(-1)^n$　　(8) $a_n=2+(-\dfrac{2}{\pi})^n$

2.求下列各極限值：

(1) $\lim_{x\to 2}(x^2-2x+7)$　　(2) $\lim_{x\to -1}(5-x^2)$

(3) $\lim_{x\to 12}\sqrt{x-3}$　　(4) $\lim_{x\to 3}\dfrac{6+x}{9-x}$

(5) $\lim\limits_{x\to 0}\dfrac{x+x^2}{x}$　　(6) $\lim\limits_{x\to 3}\dfrac{x^2-9}{x-3}$

(7) $\lim\limits_{x\to 1}\dfrac{x^3-1}{x^2-1}$　　(8) $\lim\limits_{x\to -2}\dfrac{x+2}{x^2-x-6}$

(9) $\lim\limits_{x\to 2}\dfrac{x^2+x-6}{x^2-4}$　　(10) $\lim\limits_{x\to 0}\dfrac{|x|}{x}$

3. 求下列各單側極限：（其中 [　] 表高斯符號）

(1) $\lim\limits_{x\to 0^-}\sqrt{-x}$　　(2) $\lim\limits_{x\to 0^+}[-x]$

(3) $\lim\limits_{x\to 2^+}x[x]$　　(4) $\lim\limits_{x\to 2^-}x[x]$

(5) $\lim\limits_{x\to -1^+}\dfrac{|x|}{[x]}$　　(6) $\lim\limits_{x\to -1^-}\dfrac{|x|}{[x]}$

(7) $\lim\limits_{x\to 2^+}\dfrac{x^2}{x+2}$　　(8) $\lim\limits_{x\to 2^-}\dfrac{x^2}{x+2}$

(9) $\lim\limits_{x\to 1^+}\sqrt{|x|-x}$　　(10) $\lim\limits_{x\to 1^-}\sqrt{|x|-x}$

4. 設函數 f 定義如下：

$$f(x)=\begin{cases} x^2 & \text{，當 } x<1 \text{ 時} \\ x & \text{，當 } 1<x<4 \text{ 時} \\ 4-x & \text{，當 } 4<x \text{ 時} \end{cases}$$

(1)試作出 f 的圖形。

(2)求下列各極限：

$\lim\limits_{x\to 1^+}f(x)$,　$\lim\limits_{x\to 1^-}f(x)$,　$\lim\limits_{x\to 1}f(x)$,

$\lim\limits_{x\to 2^+}f(x)$,　$\lim\limits_{x\to 2^-}f(x)$,　$\lim\limits_{x\to 2}f(x)$。

1–2 極限定理

上面我們介紹了直觀的極限概念。實際求算極限值時，往往還需要利用到以下有關極限的一些基本性質，我們僅把它們列出而不去證明。

定 理 1

（極限的唯一性）

若極限存在的話，則必唯一。

這對於數列與函數的情形都適用。有了這個定理，當我們求出極限值時，就可以放心地說：「天下只此一家，別無分店」。

定 理 2

（極限的四則運算）

(1)設 $\langle a_n\rangle$, $\langle b_n\rangle$ 為兩個數列，若極限 $\lim\limits_{n\to\infty} a_n = A$, $\lim\limits_{n\to\infty} b_n = B$ 都存在，則 $\lim\limits_{n\to\infty}(a_n * b_n)$ 也存在，並且有

$$\lim_{n\to\infty}(a_n * b_n) = (\lim_{n\to\infty} a_n) * (\lim_{n\to\infty} b_n) = A * B$$

此地 $*$ 表加減乘除四則運算之一。不過，若 $*$ 是除法，則還需要求 $b_n \neq 0$ 且 $B \neq 0$ 的條件。

(2)若極限 $\lim\limits_{x\to a} f(x)$ 及 $\lim\limits_{x\to a} g(x)$ 都存在，則 $\lim\limits_{x\to a}[f(x) * g(x)]$ 也存在，且有

$$\lim_{x\to a}[f(x) * g(x)] = [\lim_{x\to a} f(x)] * [\lim_{x\to a} g(x)]$$

此地 $*$ 表加減乘除四則運算之一。不過，若 $*$ 是除法，則還需要求 $\lim\limits_{x\to a} g(x) \neq 0$ 的條件（因 0 不能當作除數）。

例 1 因為 $\lim_{x\to 1} 5x^2 = 5$, $\lim_{x\to 1} 12x = 12$, $\lim_{x\to 1} 2 = 2$，所以由定理 2 得知

$$\lim_{x\to 1}(5x^2 - 12x + 2) = \lim_{x\to 1} 5x^2 - \lim_{x\to 1} 12x + \lim_{x\to 1} 2$$
$$= 5 - 12 + 2 = -5$$

■

例 2 因為 $\lim_{x\to 2}(3x-5) = 1$, $\lim_{x\to 2}(x^2+1) = 5 \neq 0$

$$\therefore \lim_{x\to 2} \frac{3x-5}{x^2+1} = \frac{\lim_{x\to 2}(3x-5)}{\lim_{x\to 2}(x^2+1)} = \frac{1}{5}$$

■

例 3 $\lim_{x\to 3}(x^2 + x - 2) = 9 + 3 - 2 = 10$

■

最後我們還需要一個非常重要的夾擠原理:

定 理 3

（夾擠原理）

設 $\langle a_n \rangle$, $\langle b_n \rangle$, $\langle c_n \rangle$ 為三個數列，滿足

$$a_n \le b_n \le c_n,\ \forall n$$

若

$$\lim_{n\to\infty} a_n = A = \lim_{n\to\infty} c_n$$

則

$$\lim_{n\to\infty} b_n = A$$

這個原則也適用於一般函數的情形:

設 $f(x) \leq g(x) \leq h(x)$，對所有 x 在共同定義域中皆成立，並且

$$\lim_{x \to a} f(x) = l = \lim_{x \to a} h(x)$$

則

$$\lim_{x \to a} g(x) = l$$

這就是說，若兩頭的數列趨近於一個共同的極限值，則中間的數列別無其他選擇，也必趨近於那個共同的極限值。這個性質很直觀易懂。

例 4　求 $\lim_{n \to \infty} \dfrac{\cos(\frac{1}{n})}{n}$ 之值。

解　因為

$$0 < \frac{\cos(\frac{1}{n})}{n} \leq \frac{1}{n}，且 \lim_{n \to \infty} \frac{1}{n} = 0$$

故由夾擠原理知

$$\lim_{n \to \infty} \frac{\cos(\frac{1}{n})}{n} = 0$$

■

例 5　求 $\lim_{n \to \infty} \sqrt{4 + (\frac{1}{n})^2}$ 之值。

解　因為 $2 \leq \sqrt{4 + (\frac{1}{n})^2} \leq \sqrt{4 + 4 \cdot (\frac{1}{n}) + (\frac{1}{n})^2} = 2 + \frac{1}{n}$

且 $\lim_{n \to \infty}(2 + \frac{1}{n}) = 2$，故由夾擠原理知

$$\lim_{n \to \infty} \sqrt{4 + (\frac{1}{n})^2} = 2$$

■

例 6　數列 1, −1, 1, −1, 1, −1, ⋯ 的極限不存在，因為當 n 趨近於 ∞ 時，它恆在 1 與 −1 兩數閃動，而不趨近於一個固定值。■

隨堂練習 求下列的極限：

(1) $\lim_{x\to 0} x\sin(\frac{1}{x})$　　(2) $\lim_{x\to 2}\frac{5x^3+3}{x^2+x-1}$

(3) $\lim_{x\to 5}(x^2+x+7)(2x^4+3)$　　(4) $\lim_{n\to\infty}\frac{1+2+\cdots+n}{n^2}$

習題 1–2

求下列各極限值：

1. $\lim_{x\to 4}(5x^2-2x+3)$
2. $\lim_{x\to -3}(x^3+2x^2+6)$
3. $\lim_{x\to 2}(x^2+1)(x^2+4x)$
4. $\lim_{x\to -2}(x^2+x+1)^5$
5. $\lim_{x\to -1}\frac{x-2}{x^2+4x-3}$
6. $\lim_{t\to -2}\frac{t^3-t^2-t+10}{t^2+3t+2}$
7. $\lim_{x\to -1}\sqrt{x^3+2x+7}$
8. $\lim_{x\to 64}(\sqrt[3]{x}+3\sqrt{x})$
9. $\lim_{t\to -2}(t+1)^9(t^2-1)$
10. $\lim_{r\to 3}(r^4-7r+4)^{\frac{2}{3}}$
11. $\lim_{x\to 3}(x^2+x-2)$
12. $\lim_{x\to 2}\sqrt{3x+1}$
13. $\lim_{x\to 1}(1+x+x^2)$
14. $\lim_{n\to\infty}\frac{2n+5}{7n-5}$
15. $\lim_{h\to 0}\frac{(x+h)^3-x^3}{h}$
16. $\lim_{x\to 5}\frac{x^2-25}{x-5}$
17. $\lim_{n\to\infty}\frac{n-n^2}{5+3n^2}$
18. ＊ $\lim_{n\to\infty}\sqrt[n]{n}$
19. $\lim_{n\to\infty}\frac{\cos n}{n}$
20. $\lim_{n\to\infty}\frac{n^2+1}{n^2-2n+3}$

1–3 連續函數

我們考慮一下這個問題:「當 x 趨近於 2 時，問 x^2 趨近於那裡?」大家都會異口同聲的說 4，用記號來表示就是 $\lim_{x\to 2} x^2 = 4$。

有些人以為: $f(x)=x^2$ 是「平方函數」，而「2 的平方為 4」，即 $f(2)=4$，所以答案為 $\lim_{x\to 2} x^2 = 4$，這就大錯特錯了，為什麼呢? 例如，在 1–1 節例 12 中我們看過 $\lim_{x\to 0} \operatorname{sign} x$ 不存在，而 $\operatorname{sign} 0 = 0$。$\lim_{x\to 2}[x]$ 也不存在，而 $[2]=2$，因此 $\lim_{x\to a} f(x)$ 可能跟 $f(a)$ 不同。只有對於較好的函數 f，才有 $\lim_{x\to a} f(x) = f(a)$，所謂「好」指的就是連續性。

函數 $f(x)$ 在點 $x=a$ **連續**的意思是指: 當 x 趨近於 a 時，$f(x)$ 的值也趨近於 $f(a)$，用記號來表示就是:

$$f(x) \text{ 在點 } x=a \text{ 連續} \Leftrightarrow \lim_{x\to a} f(x) = f(a)$$

如果函數 f 在定義域中的每一點都連續，我們就說 f 是一個**連續函數**。我們把 $\lim_{x\to a} f(x) = f(a)$ 改一改，f 在點 $x=a$ 連續變成:

$$\lim_{x\to a} f(x) = f(\lim_{x\to a} x)(=f(a))$$

換句話說，對於一個連續函數，極限操作 lim 及函數操作 f 可以**互換**。這個性質以後我們有時會用到。

直觀說來，所謂連續函數是指圖形沒有斷口的函數，如圖 1–7。

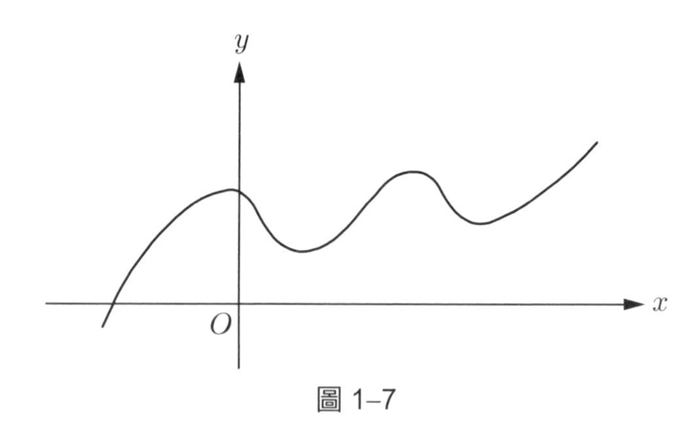

圖 1–7

但是像上節的高斯函數，因其圖形在每一整數點上都有斷口，故不連續。不過在非整數點卻都連續。

常見的函數，如多項式函數、指數函數、對數函數、三角函數等都是連續函數。

下面我們列出連續函數的一些重要性質，證明一律省略：

甲、連續函數的運算性質

⑴兩個連續函數相加、相減、相乘、相除，還是連續函數。但除法必須要求分母不等於 0。

⑵多項式函數與有理函數都是連續函數。

⑶兩個連續函數的合成函數（若可合成），還是連續函數。

說明：兩個連續函數經過四則運算之後仍然是連續函數，這基本上是極限的四則運算之推論（即 1–2 節定理 2）。特別地，多項式函數與有理函數都是連續函數。另外，$f(x)=\sqrt[n]{x}$ 也是連續函數，其中 n 為正整數。

其次，假設 y 依隨 x 而變，即有函數關係，例如 $f: x \to y = 1 + x^2$。再假設 z 依隨 y 而變，即有函數關係，例如 $f: y \to z = \sqrt{y}$，那麼把這兩個函數的作用連結起來，如下圖：

$$x \to \boxed{f} \to y = f(x) \to \boxed{g} \to z = g(f(x))$$

這相當於下面機器的作用：

$$x \to \boxed{g \circ f} \to z = g(f(x))$$

我們稱 $g \circ f$ 為 f 與 g 的合成函數。在上述例子中，我們有

$z = g(f(x)) = g(1 + x^2) = \sqrt{1 + x^2}$。

好了，(2)表示：若 $x \to a$ 則 $y = f(x) \to f(a)$（記之為 b），

但 $y \to b$ 則 $z = g(y) \to g(b)$，故知：$x \to a$ 則 $g(f(x)) \to g(f(a))$。這就是說合成函數 $g \circ f$ 為連續函數。

乙、連續函數的中間值定理

設 f 在閉區間 $[a, b]$ 上連續，則 $f(a)$ 與 $f(b)$ 之間的任何值都可被 f 取到，即對介乎 $f(a)$ 與 $f(b)$ 之間的任何 W，恆存在 $c \in [a, b]$，使得 $f(c) = W$。見下圖：

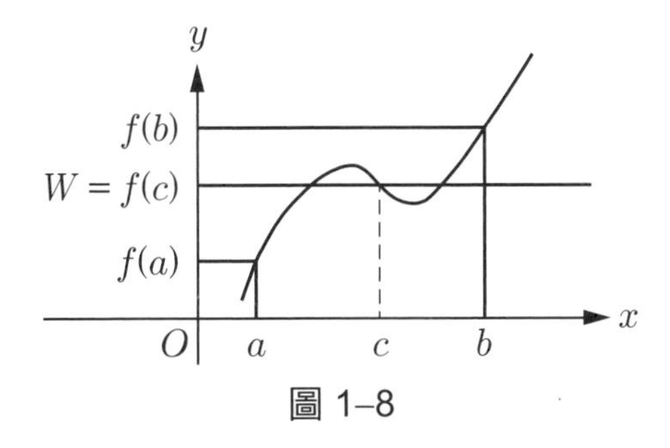

圖 1–8

（註：我們假設你的體重是時間的連續函數，那麼你在 10 歲時重 30 公斤，15 歲時重 50 公斤，那麼中間值定理告訴我們，你在 10 歲到 15 歲之間，一定有某個時候 32 公斤，某個時候 38 公斤，某個時候 41 公斤，……等等。）

作為乙的特殊情形，我們有：

丙、連續函數的勘根定理

設 f 在 $[a, b]$ 上連續且 $f(a)$ 與 $f(b)$ 異號，則存在 $c \in [a, b]$ 使得 $f(c)=0$，即方程式 $f(x)=0$ 在 a 與 b 之間至少有一根，見圖 1–9。

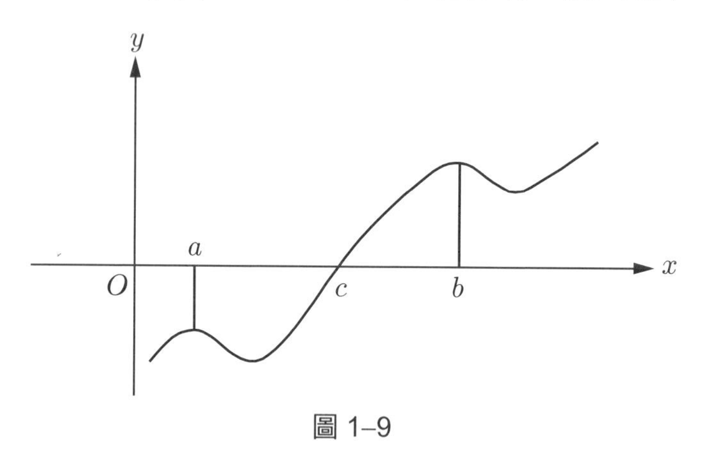

圖 1–9

丁、連續函數的最大值與最小值

設 f 在閉區間 $[a, b]$ 上連續，則 f 在 $[a, b]$ 上能取到最大值與最小值，亦即在 $[a, b]$ 中存在 c_1 及 c_2，使得 $f(c_1)$ 為最大值，$f(c_2)$ 為最小值。如下圖：

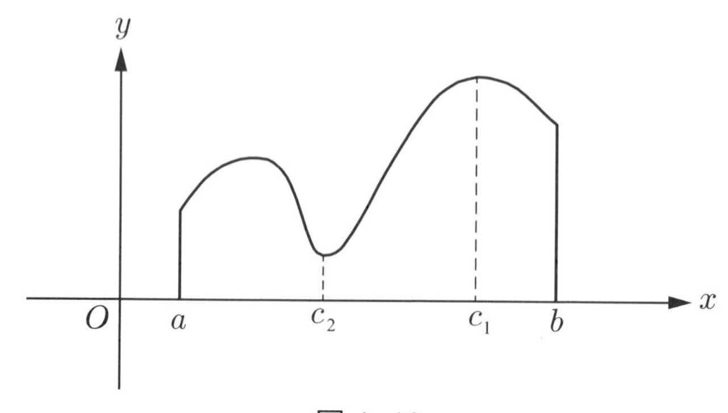

圖 1–10

例 1　下圖 1–11 為一個函數的圖形，定義域為整個 x 軸。

(1)在哪些點 a，$\lim\limits_{x\to a} f(x)$ 不存在?

(2) f 在哪些點 a 不連續?

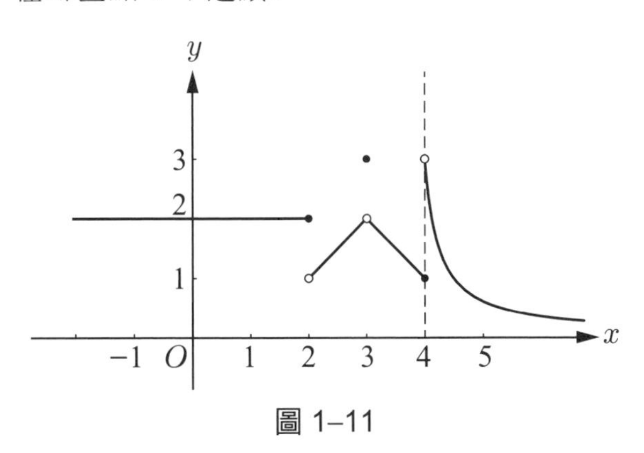

圖 1–11

解　(1)考慮 $a=2$，我們有

$\lim\limits_{x\to 2^-} f(x)=2$　且　$\lim\limits_{x\to 2^+} f(x)=1$

即 f 在 2 的左、右極限不相等，故 $\lim\limits_{x\to 2} f(x)$ 不存在。其次考慮 $a=3$，此時有

$\lim\limits_{x\to 3^-} f(x)=2$　且　$\lim\limits_{x\to 3^+} f(x)=2$

故 $\lim\limits_{x\to 3} f(x)$ 存在且等於 2，注意到，$f(3)=3$ 並不影響 f 在 $a=3$ 的極限。

再看 $a=4$，因為 $\lim\limits_{x\to 4^+} f(x)=3$，故 $\lim\limits_{x\to 4^-} f(x)=1$，所以 $\lim\limits_{x\to 4} f(x)$ 不存在。

總之，除了 $a=2$ 及 4 之外，$\lim\limits_{x\to a} f(x)$ 都存在。

(2)因為 $\lim_{x\to 2} f(x)$ 與 $\lim_{x\to 4} f(x)$ 都不存在，故 f 不可能在 2 與 4 兩點連續。再者，因為 $\lim_{x\to 3} f(x)$ 存在，但不等於 $f(3)$，故 f 在點 3 也不連續。因此，除了 $a=2, 3$ 與 4 不連續外，其餘點 f 皆連續。■

例 2　討論函數 $y=\dfrac{1}{x}$ 的連續性。

解

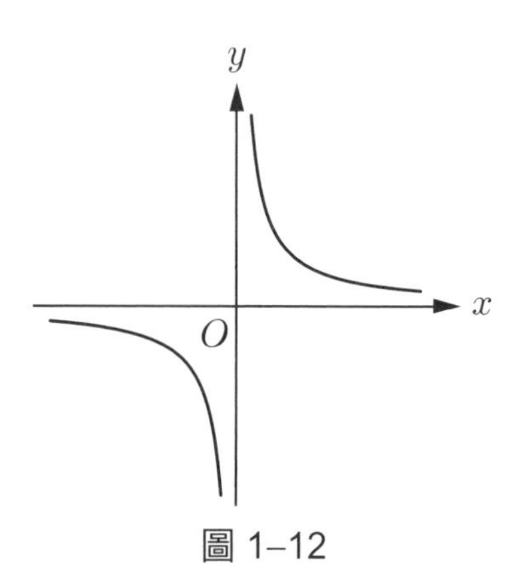

圖 1–12

我們馬上看出，函數在點 $x=0$ 不連續，而在其他點都連續。■

例 3　函數 $f(x)=|x|$ 在哪些點連續?

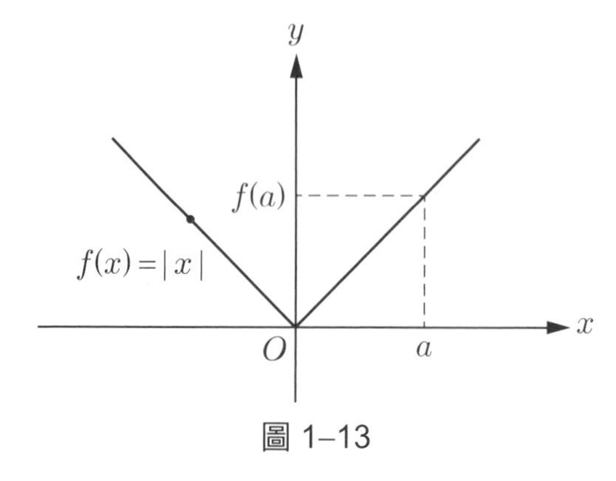

圖 1–13

解　$f(x)=|x|$ 的圖形如圖 1–13。

我們很容易驗證，$\lim_{x\to a} f(x)$ 存在且等於 $f(a)$。因此 f 在 a 點連續。今 a 為任取的，故 f 在每一點都連續，即 f 為一個連續函數。■

例 4　令 $f(x)=\dfrac{1}{1-x^2}$，並且定義域為 $(-1, 1)$，試證 f 沒有極大值。

證明　首先我們注意到，f 的圖形為

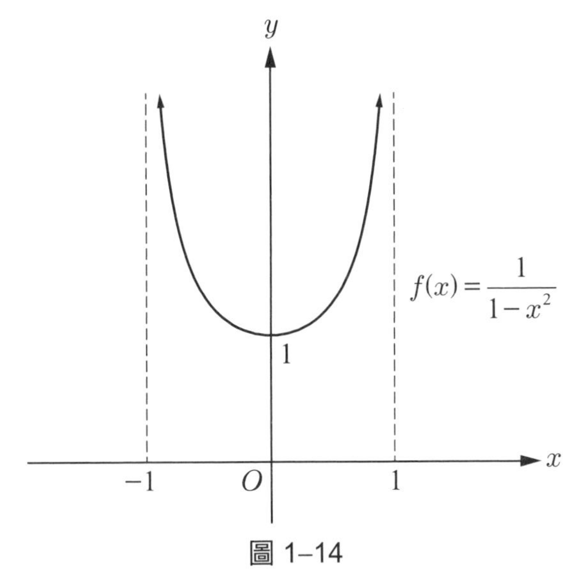

圖 1–14

故 f 在 $(-1, 1)$ 上為連續函數。但是當 $x\to\pm1$ 時，$1-x^2\to 0$，故 $f(x)=\dfrac{1}{1-x^2}$ 可為任意大，因此在 $(-1, 1)$ 中不存在 c 使得 f 在 c 點取到極大值，然而 f 取到極小值 $f(0)=1$。■

(註：這並不違背連續函數的最大值與最小值定理，因為本例的定義域是開區間，而不是閉區間!)

例 5 證明方程式 $2x^3+x^2-x+1=5$，在區間 [1, 2] 上有解。

證明 令 $f(x)=2x^3+x^2-x+1$，則

$f(1)=2\cdot 1^3+1^2-1+1=3$

且

$f(2)=2\cdot 2^3+2^2-2+1=19$

因為多項式函數 f 是連續的，且 5 介乎 3 與 19 之間，故由中間值定理知，至少存在一數 c 使得 $f(c)=5$，得證。 ■

習　題　1–3

1. 設函數 f 定義為

$$f(x)=\begin{cases}\dfrac{x^2-9}{x-3}, & \text{當 } x\neq 3 \text{ 時}\\ 4, & \text{當 } x=3 \text{ 時}\end{cases}$$

問 f 在點 $x=3$ 連續嗎?

2. 設函數 g 定義為

$$g(x)=\begin{cases}\dfrac{x^2-9}{x-3}, & \text{當 } x\neq 3 \text{ 時}\\ 6, & \text{當 } x=3 \text{ 時}\end{cases}$$

問 g 在點 $x=3$ 連續嗎?

3.設函數 h 定義為

$$h(x)=\frac{9x^2-4}{3x+2}，\text{當 } x=-\frac{2}{3}\text{ 時}$$

問我們應該定義 $h(-\frac{2}{3})$ 為多少，才可使 h 在點 $x=-\frac{2}{3}$ 連續?

4.試作出下列函數的圖形，並找出所有不連續的點（若有的話）:

(1) $f(x)=\begin{cases}-1, & \text{當 } x<2 \text{ 時}\\ \frac{1}{2}x, & \text{當 } 2\leq x<3 \text{ 時}\\ \sqrt{x}, & \text{當 } x>3 \text{ 時}\end{cases}$

(2) $f(x)=\begin{cases}\frac{1}{x-3}, & \text{當 } x\neq 3 \text{ 時}\\ 2, & \text{當 } x=3 \text{ 時}\end{cases}$

(3) $f(x)=\begin{cases}2x-1, & \text{當 } x<1 \text{ 時}\\ x^2, & \text{當 } x\geq 1 \text{ 時}\end{cases}$

5.試驗證下列方程式在給定區間內是否有根:

(1) $x^3-3x+1=0$, $(0, 1)$

(2) $x^3-3x+1=0$, $(1, 2)$

(3) $x^4-3x^3-2x^2-1=0$, $(3, 4)$

(4) $x^5-2x^4-x-3=0$, $(2, 3)$

(5) $x^3+2x=x^2+1$, $(0, 1)$

1-4 無窮與極限

所謂極限 $\lim\limits_{x \to a} f(x)$ **存在**的意思是指，存在一個**有限數** L，使得 $\lim\limits_{x \to a} f(x) = L$。因此，極限不一定存在，不存在的原因有下列幾種情形：

(1)左極限與右極限皆存在，但不相等。

(2)左極限或右極限不存在。這又可分成下列兩種情形：

(i) $f(x)$ 的值是有界的，但跳動不定，例如 $\lim\limits_{x \to 0^+} \sin \frac{1}{x}$ 與 $\lim\limits_{x \to 0^-} \sin \frac{1}{x}$ 都不存在。

(ii)左極限或右極限是正無窮大或負無窮大。

本節我們要來探討(ii)的情形。其次，我們要介紹，當 $x \to +\infty$ 或 $x \to -\infty$ 時，$f(x)$ 的極限值。這些極限往往跟 $f(x)$ 的圖形之**漸近線**具有密切關係，所以我們也一併介紹漸近線。

記號 $\lim\limits_{x \to a} f(x) = \infty$ 表示，當 x 越來越靠近 a 時，$f(x)$ 的值越來越大（往正的方向），並且沒有限量。同理可定義

$$\lim_{x \to a} f(x) = -\infty \quad \text{與} \quad \lim_{x \to a^{\pm}} f(x) = \pm\infty$$

我們用例子來說明。

例 1 求極限 $\lim\limits_{x \to 2} \frac{1}{(x-2)^2}$。

解 函數 $f(x) = \frac{1}{(x-2)^2}$ 在 $x = 2$ 點雖然沒有定義，但是當 $x \to 2$ 時，$f(x)$ 要多大就有多大，故我們記成

$$\lim_{x \to 2} \frac{1}{(x-2)^2} = \infty$$

請參閱下面圖表：

x	$f(x)$	x
1.9	10^2	2.1
1.99	10^4	2.01
1.999	10^6	2.001
1.9999	10^8	2.0001
1.99999	10^{10}	2.00001

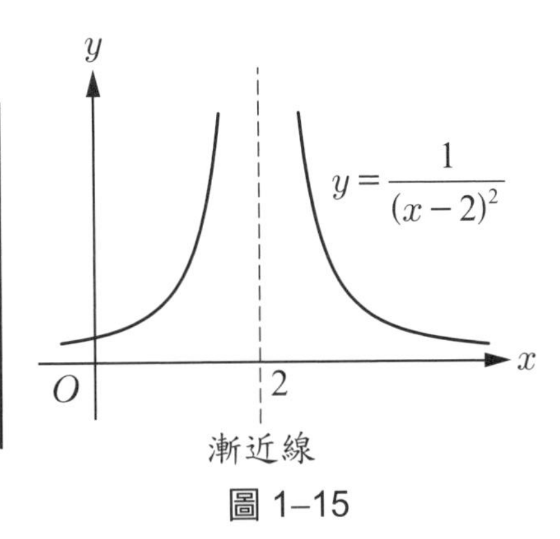

圖 1–15

■

如果曲線上的點沿曲線趨近於無窮遠時，此點與某一直線的距離趨近於 0，則稱此直線為曲線的一條**漸近（直）線** (asymptote)。

在圖 1–15 中，我們看出直線 $x=2$ 為函數 $y=\dfrac{1}{(x-2)^2}$ 的圖形之漸近線，因為此漸近線垂直於 x 軸，所以又叫做**垂直漸近線** (vertical asymptote)。

另一方面，當 x 越來越大 $(x\to\infty)$ 時，$\dfrac{1}{(x-2)^2}$ 越來越靠近 0，亦即

$$\lim_{x\to\infty}\frac{1}{(x-2)^2}=0$$

同理

$$\lim_{x\to-\infty}\frac{1}{(x-2)^2}=0$$

因此，x 軸也是曲線 $y=\dfrac{1}{(x-2)^2}$ 的漸近線，並且因為它是水平線，故又叫做**水平漸近線** (horizontal asymptote)。

例 2 求極限 $\lim_{x\to 1}\frac{1}{x-1}$。

解 我們考慮左、右極限得知

$$\lim_{x\to 1^+}\frac{1}{x-1}=\infty \text{ 且 } \lim_{x\to 1^-}\frac{1}{x-1}=-\infty$$

左、右極限不相同，故當 $x\to 1$ 時，$\frac{1}{x-1}$ 沒有極限值。另一方面，我們有

$$\lim_{x\to\infty}\frac{1}{x-1}=0 \text{ 且 } \lim_{x\to-\infty}\frac{1}{x-1}=0$$

參見圖 1–16。

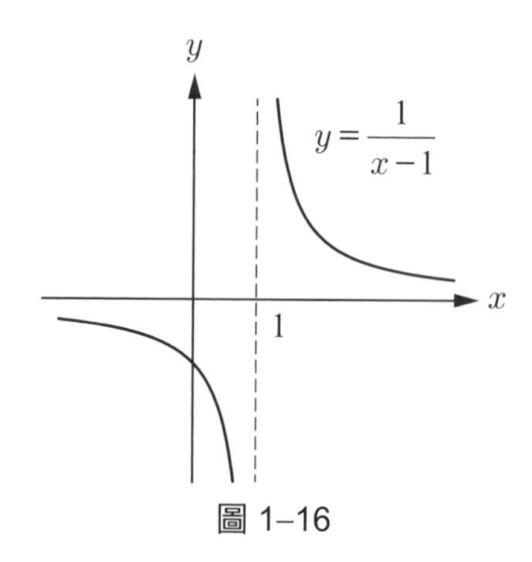

圖 1–16

易知直線 $x=1$ 是垂直漸近線，x 軸是水平漸近線。 ■

定　理

（極限的四則運算）

若 $\lim\limits_{x\to\infty} f(x)=A$ 且 $\lim\limits_{x\to\infty} g(x)=B$ 皆存在，則 $\lim\limits_{x\to\infty}[f(x)*g(x)]$ 也存在，並且

$$\lim_{x\to\infty}[f(x)*g(x)]=(\lim_{x\to\infty} f(x))*(\lim_{x\to\infty} g(x))=A*B$$

其中 $*$ 代表四則運算；當 $*$ 表示除法時，需要求 $B\neq 0$。

（註：上定理中，∞ 也可改為 $-\infty$）

例 3　求下列各極限值：

(1) $\lim\limits_{x\to\infty}\dfrac{5x+2}{2x^3-1}$　　(2) $\lim\limits_{x\to-\infty}\dfrac{2x^2-x+3}{3x^2+5}$

(3) $\lim\limits_{x\to\infty}\dfrac{2x^2-3}{7x+4}$　　(4) $\lim\limits_{x\to-\infty}\dfrac{2x^2-3}{7x+4}$

解

(1) $$\lim_{x\to\infty}\frac{5x+2}{2x^3-1}=\lim_{x\to\infty}\frac{\frac{5}{x^2}+\frac{2}{x^3}}{2-\frac{1}{x^3}}$$

$$=\frac{0+0}{2-0}=0$$

(2) $$\lim_{x\to-\infty}\frac{2x^2-x+3}{3x^2+5}=\lim_{x\to-\infty}\frac{2-\frac{1}{x}+\frac{3}{x^2}}{3+\frac{5}{x^2}}$$

$$=\frac{2-0+0}{3+0}=\frac{2}{3}$$

(3) $$\lim_{x\to\infty}\frac{2x^2-3}{7x+4}=\lim_{x\to\infty}\frac{2x-\frac{3}{x}}{7+\frac{4}{x}}=\infty$$

(4) $\lim\limits_{x\to-\infty}\dfrac{2x^2-3}{7x+4}=\lim\limits_{x\to-\infty}\dfrac{7x-\dfrac{3}{x}}{7+\dfrac{4}{x}}=-\infty$

隨堂練習　求下列各極限：

(1) $\lim\limits_{x\to\infty}\dfrac{2x^3-4}{x^3+x^2+2}$　　(2) $\lim\limits_{x\to\infty}\dfrac{2x^2-14}{3x^3+5x}$

(3) $\lim\limits_{x\to-\infty}\dfrac{2x^4-14}{3x^3+5x}$　　(4) $\lim\limits_{x\to-\infty}\dfrac{x^3-2x^2+x+1}{x^4+3x}$

習　題　1–4

求下列各極限，如果極限存在的話：

1. $\lim\limits_{x\to1}\dfrac{5x}{(x-1)^3}$

2. $\lim\limits_{x\to2}\dfrac{x-2}{x^2-4x+4}$

3. $\lim\limits_{x\to\frac{\pi}{2}^+}\tan x$

4. $\lim\limits_{x\to1}\dfrac{x^2-2x+1}{x^3-3x^2+3x-1}$

5. $\lim\limits_{x\to0}\dfrac{\sqrt{1+x}-1}{x^2}$

6. $\lim\limits_{x\to\infty}\dfrac{x+1}{2x-1}$

7. $\lim\limits_{x\to\infty}\dfrac{1-x}{3+2x}$

8. $\lim\limits_{x\to\infty}\dfrac{x^2+1}{2x^3+5}$

9. $\lim\limits_{x\to-\infty}\dfrac{2+x-x^2}{3+4x^2}$

10. $\lim\limits_{x\to-\infty}\dfrac{x^3-2x^2}{3x^3+4x^2}$

11. $\lim\limits_{x\to\infty}\dfrac{\sqrt{x^2+1}}{2x+1}$

12. $\lim\limits_{x\to\infty}\dfrac{x}{\sqrt{x+5}}$

第二章　微分法

微分法揭開了一切變化之謎，同時也解決了兩千年來求積分的難題。

更難能可貴的是，微分的演算並不難。因此，我們得以利用容易的微分演算，來掌握困難的求積問題，達到四兩撥千斤的功效。

本章我們要來探討微分法的意義及其系統的演算規則，作為往後開展微積分的基礎。

2–1　導數與導函數

從幾何的觀點來看，微分就是要探求：**過曲線上一點的切線之斜率**。

什麼是切線？

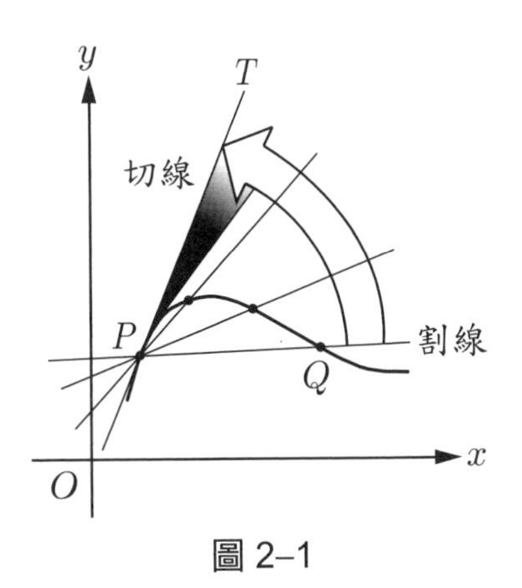

圖 2–1

在圖 2–1 中，為了探求過 P 點的切線，我們先在曲線上另找一點 Q，連結 P 與 Q 兩點，則直線 PQ 就叫做過 P 點的**割線**。今讓 Q 點沿著曲線上越來越趨近於 P 點，若割線 PQ 也會越來越趨近於一直線 PT，則我們就說 PT 為過 P 點的**切線**。換言之，當 Q 趨近於 P 時，**割線的極限就是切線**。

其次，**什麼是切線的斜率？**

顯然，切線的斜率應該就是**割線的斜率之極限**。讓我們看一個例子。

例 1　求過拋物線上 (1, 1) 點的切線斜率與切線方程式。

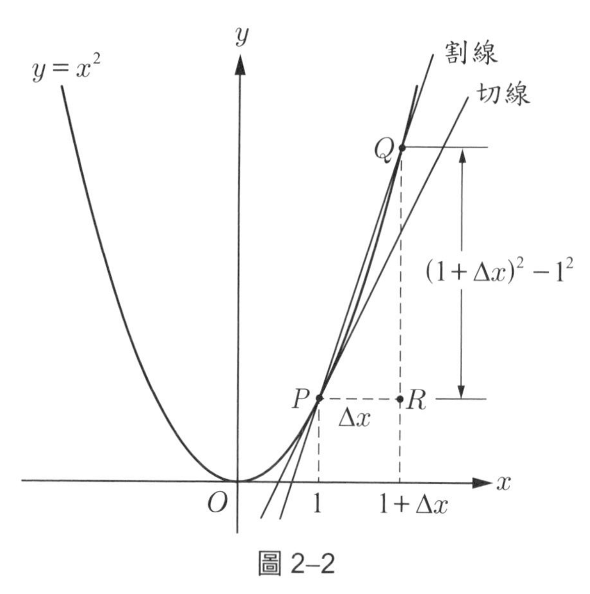

圖 2–2

解　如圖 2–2 所示，割線 PQ 的斜率為

$$\frac{\overline{QR}}{\overline{PR}} = \frac{(1+\Delta x)^2 - 1^2}{\Delta x}$$

令切線斜率為 m，則

$$m = \lim_{Q \to P} \frac{\overline{QR}}{\overline{PR}} = \lim_{\Delta x \to 0} \frac{(1+\Delta x)^2 - 1^2}{\Delta x}$$

$$= \lim_{\Delta x \to 0} \frac{2 \cdot \Delta x + (\Delta x)^2}{\Delta x} = \lim_{\Delta x \to 0} (2 + \Delta x)$$

$$= 2$$

再由點斜式知，切線的方程式為

$$\frac{y-1}{x-1} = 2$$

亦即

$$y = 2x - 1$$

■

甲、導數與導函數的定義

對於一般的函數，仿上述辦法求算切線斜率，就得到**導數** (derivative) 的概念。

給一個函數 $y=f(x)$，我們考慮自變數 x 自 c 變到 $c+\Delta x$ 時，應變數 y 所對應的變動量。這當然是

$$\Delta y \equiv f(c+\Delta x)-f(c)$$

所以應變數 y 對自變數 x 的「**平均變化率**」(即上述割線斜率) 為

$$\frac{\Delta y}{\Delta x}=\frac{f(c+\Delta x)-f(c)}{\Delta x}$$

我們再令 $\Delta x \to 0$，如果這「平均變化率」有個**極限**，則這極限就叫函數 f 在 $x=c$ 點處的**導數**，並以 $f'(c)$ 或 $Df(c)$ 或 $Df(x)\big|_{x=c}$ 或 $\left.\frac{df(x)}{dx}\right|_{x=c}$ 或 $\left.\frac{dy}{dx}\right|_{x=c}$ 等等來表示。同時我們就說函數 f 在點 $x=c$ 處**可微分** (differentiable)。亦即我們定義

$$Df(c)=f'(c)=\lim_{\Delta x\to 0}\frac{f(c+\Delta x)-f(c)}{\Delta x} \tag{1}$$

如果函數 f 在某範圍中的每一點 x 都可微分，我們就說 f 在該範圍中可微分，若 f 在定義中的每一點皆可微分，則稱 f 為一個**可微分函數** (differentiable function)。這時**函數**

$$x \to f'(x)$$

叫做 f 的**導函數**，記做 f' 或 Df。求一個函數的導數或導函數的過程叫

做微分（to differentiate，動詞）。

例 2 求函數 $f(x)=x^3+2$ 的導函數，並求在點 $x=1$ 之導數。

解 根據上述導函數的定義

$$f'(x)=\lim_{\Delta x\to 0}\frac{f(x+\Delta x)-f(x)}{\Delta x}$$

$$=\lim_{\Delta x\to 0}\frac{[(x+\Delta x)^3+2]-[x^3+2]}{\Delta x}$$

$$=\lim_{\Delta x\to 0}[3x^2+3x(\Delta x)+(\Delta x)^2]$$

$$=3x^2$$

$\therefore f'(1)=3\times 1^2=3$，為所求導數。 ■

我們總結微分的四個步驟如下：

1. 在 $f(x)$ 中，用 $x+\Delta x$ 替代 x，求出 $f(x+\Delta x)$。
2. 算出 $f(x+\Delta x)-f(x)$，這叫做 f 之「**增分**」或「**差分**」，如果可能的話，盡可能化簡。
3. 將 $f(x+\Delta x)-f(x)$ 除以 Δx，這是 f 對 x 之差分比，表示 $f(x)$ 從 x 到 $x+\Delta x$ 的**平均變化率**。
4. 令 $\Delta x\to 0$，取極限得到 $f'(x)=\lim\limits_{\Delta x\to 0}\dfrac{f(x+\Delta x)-f(x)}{\Delta x}$，這就是 f 在點 x 的**導數**。

例 3 求 $f(x)=x^3-2x+7$ 的導函數。

解 第一步，求 $f(x+\Delta x)$：

$$f(x+\Delta x)=(x+\Delta x)^3-2(x+\Delta x)+7$$

$$=x^3+3x^2\cdot\Delta x+3x(\Delta x)^2+(\Delta x)^3-2x-2\cdot\Delta x+7$$

第二步，求 $\Delta y \equiv f(x+\Delta x)-f(x)$：

$$\begin{aligned}\Delta y &\equiv f(x+\Delta x)-f(x)\\ &= 3x^2\cdot\Delta x+3x\cdot(\Delta x)^2+(\Delta x)^3-2\cdot\Delta x\end{aligned}$$

第三步，求 $\dfrac{\Delta y}{\Delta x}$：

$$\frac{\Delta y}{\Delta x}=3x^2+3x\cdot\Delta x+(\Delta x)^2-2$$

第四步，求 $\lim\limits_{\Delta x\to 0}\dfrac{\Delta y}{\Delta x}$：

$$\begin{aligned}f'(x) &= \lim_{\Delta x\to 0}\frac{\Delta y}{\Delta x}=\lim_{\Delta x\to 0}[3x^2+3x\cdot\Delta x+(\Delta x)^2-2]\\ &= 3x^2-2\end{aligned}$$

■

例 4 (1)一個球，半徑從 1 變成 2，求其體積的平均變化率。

(2)一個質點在一直線上作運動，t 時刻的位置坐標為 $s(t)=t^2+8t,\ t\geq 0$，求從 $t=2$ 到 $t=6$ 這一段時間的平均速度。

解 (1)半徑為 r 之球體積為 $f(r)=\dfrac{4}{3}\pi r^3$，故所欲求的平均變化率為

$$\frac{f(2)-f(1)}{2-1}=\frac{32\pi}{3}-\frac{4\pi}{3}=\frac{28\pi}{3}$$

(2)平均速度為

$$\frac{s(6)-s(2)}{6-2}=\frac{(6^2+8\cdot 6)-(2^2+8\cdot 2)}{6-2}=\frac{64}{4}=16$$

■

隨堂練習 在上例中，求

(1) $r=2$ 時體積的變化率，

(2) $t=4$ 時的（瞬間）速度。

乙、高階導函數

對於一個可微分函數 $y=f(x)$，作一次微分，得到導函數 $Df(x)$（或 $f'(x)$），如果 $Df(x)$ 還可以再微分，那麼再作一次微分就得到**第二階導函數** (second derivative)，記為 $D^2f(x)$（或 $f''(x)$ 或 $\frac{d^2y}{dx^2}$），亦即

$$D^2f(x)=f''(x)=\lim_{\Delta x\to 0}\frac{f'(x+\Delta x)-f'(x)}{\Delta x} \tag{2}$$

相對地，我們稱 $Df(x)$ 為**第一階導函數**。

同理，如果 $D^2f(x)$ 還可以繼續再微分下去，我們就得到第三階導函數 $D^3f(x)$（或 $f^{(3)}(x)$ 或 $\frac{d^3y}{dx^3}$），第四階導函數 $D^4f(x)$（或 $f^{(4)}(x)$ 或 $\frac{d^4y}{dx^4}$），……等的高階導函數。

例 5　設 $f(x)=x^3$，求 $D^2f(x)$。

解　先求第一階導函數：

$$\begin{aligned}Df(x)&=\lim_{\Delta x\to 0}\frac{(x+\Delta x)^3-x^3}{\Delta x}\\&=\lim_{\Delta x\to 0}[3x^2+3x\cdot\Delta x+(\Delta x)^2]\\&=3x^2\end{aligned}$$

再求第二階導函數：

$$\begin{aligned}D^2f(x)=D(Df)&=\lim_{\Delta x\to 0}\frac{3(x+\Delta x)^2-3x^2}{\Delta x}\\&=\lim_{\Delta x\to 0}(6x+3\cdot\Delta x)=6x\end{aligned}$$

■

隨堂練習　設 $f(x)=2x^4$，求 $D^2f(x)$。

習　題　2–1

1. 求下列各函數的導函數：

(1) $f(x)=2x^3$　　(2) $f(x)=\frac{1}{2}x^2$

(3) $f(x)=\frac{1}{x^2}$　　(4) $f(x)=\frac{1}{x}$

(5) $f(x)=2x^3+9x^2-24x+12$　　(6) $f(x)=-x^4+24x^2+2$

2. 求下列各函數在指定點的導數：

(1) $f(x)=3x^2+1,\ x=-2$　　(2) $f(x)=x^2-4,\ x=2$

(3) $f(x)=\frac{1}{2}x^3+2,\ x=-1$　　(4) $f(x)=\frac{3}{x},\ x=3$

3. 求下列各函數 x 從 a 變到 b 時的平均變化率：

(1) $f(x)=c$（常函數）　　(2) $f(x)=-3x+1$

(3) $f(x)=x^2$　　(4) $f(x)=x^3$

4. 函數 $y=ax^3+bx+c$，當 x 從 0 變到 1 時的平均變化率為 4，當 x 從 1 變到 3 時的平均變化率為 -8，試求 a, b 之值。

5. 設函數 $f(x)$ 在 $x=a$ 點的導數 $f'(a)$ 存在，試用 $a, f(a)$ 及 $f'(a)$ 表出下列兩極限值：

(1) $\lim\limits_{h\to 0}\frac{f(a+h)-f(a-h)}{2h}$　　(2) $\lim\limits_{x\to a}\frac{af(x)-xf(a)}{x-a}$

6. 若多項函數 $f(x)$ 滿足 $f(1)=0$ 及 $f'(1)=-15$，求 $\lim\limits_{h\to 0}\frac{f(1+h)}{3h}$ 之值。

7. 求下列各函數的第二階導函數：

(1) $f(x)=\frac{1}{x}$　　(2) $f(x)=5x-x^3$

(3) $f(x)=\sqrt{x}$　　(4) $f(x)=x^3+2x^2-5x$

2–2 導數的各種意義

導數有各式各樣的意義與解釋，下面我們僅介紹其中的四種。

甲、導數的速度解釋

根據物理學，位置函數在某一時刻的導數就是質點在該時刻的**速度**。整體來考慮，位置函數的導函數就是**速度函數**，而在某時刻的導數就是質點在該時刻的速度，這是導數的第一個物理解釋。

例 1 假設有一部車子在一直線上行走，在 t 時刻所走的里程為 $S(t)=t^2$ 公里，試求 $t=3$ 時，這部車子的速度。

解 當 $t=3$ 至 $t=3.1$ 時，車子所走的距離為 $(3.1)^2-3^2=0.61$

而所花的時間為 $3.1-3=0.1$

故在時間區間 $[3, 3.1]$ 之間，車子的平均速度為

$\frac{0.61}{0.1}=6.1$ 公里/時

我們將時間的區間縮小一點，求得 $[3, 3.01]$ 之間的平均速度為

$\frac{(3.01)^2-3^2}{3.01-3}=\frac{0.0601}{0.01}=6.01$ 公里/時

我們換個方向來看。在 $[2.99, 3]$ 之間的平均速度為

$\frac{(2.99)^2-3^2}{2.99-3}=\frac{-0.0599}{-0.01}=5.99$ 公里/時

這些都是近似的速度。我們必須讓時間區間越縮越小 (3 固定)，最後的極限值才是我們所要的速度。今令時間的變化量為 Δt，則

$$\frac{S(3+\Delta t)-S(3)}{\Delta t}=\frac{(3+\Delta t)^2-3^2}{\Delta t}$$

表示車子在時間區間 $[3,\ 3+\Delta t]$ 內的平均速度，令 $\Delta t\to 0$，則得

$$\lim_{\Delta t\to 0}\frac{(3+\Delta t)^2-3^2}{\Delta t}=\lim_{\Delta t\to 0}\frac{6\Delta t+(\Delta t)^2}{\Delta t}$$

$$=\lim_{\Delta t\to 0}(6+\Delta t)=6 \text{ 公里/時}$$

這就是車子在時刻 $t=3$ 的速度。 ■

進一步，速度函數的導函數就是**加速度函數**，亦即位置函數的第二階導函數為加速度函數。例如自由落體定律 $S(t)=\frac{1}{2}gt^2$ 的速度函數為

$$v(t)=S'(t)=gt$$

加速度函數為

$$a(t)=v'(t)=S''(t)=g$$

乙、導數的切線斜率解釋

利用函數圖形及導數的定義，我們馬上看出：導數概念也有幾何的直觀意義，今說明如下：將函數 $y=f(x)$ 圖解：

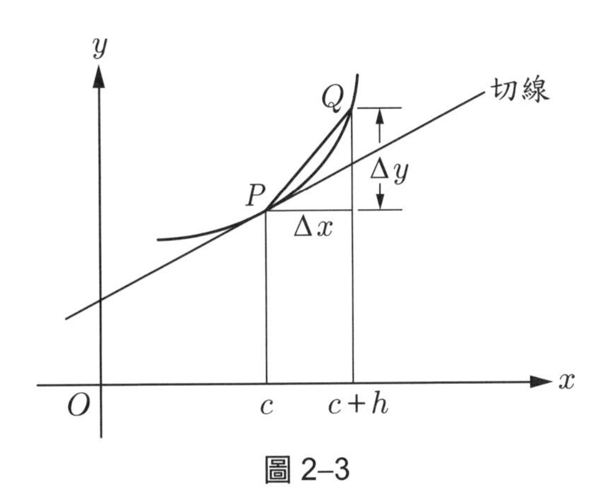

圖 2–3

於是 $\dfrac{\Delta y}{\Delta x}$ 就表示割線 PQ 的斜率。令 $\Delta x \to 0$ 就表示讓 Q 點趨近於 P 點，即割線漸趨近於過 P 點的切線。因此若 $\lim\limits_{\Delta x \to 0} \dfrac{\Delta y}{\Delta x}$ 存在的話，這極限值就是導數，它代表過 P 點的切線之斜率。

例 2　求過曲線 $y = x^2$ 上 $(2, 4)$ 點的切線斜率及切線方程式。

解　先求通過點 $(2, 4)$ 的切線斜率 m：

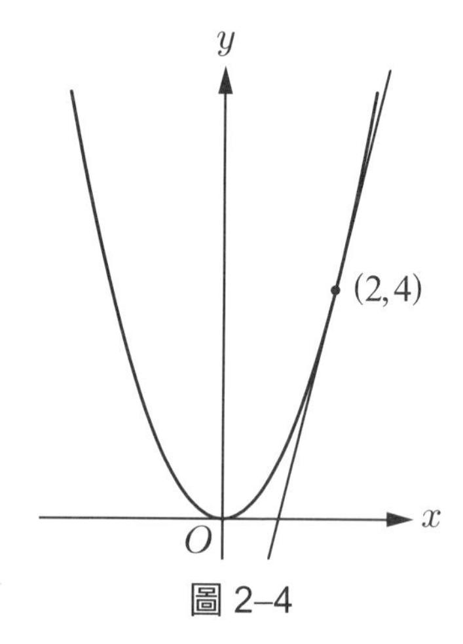

圖 2–4

$$m = \lim_{\Delta x \to 0} \frac{(2+\Delta x)^2 - 2^2}{\Delta x} = \lim_{\Delta x \to 0} \frac{4\Delta x + (\Delta x)^2}{\Delta x}$$

$$= \lim_{\Delta x \to 0} (4 + \Delta x) = 4$$

再由點斜式知切線方程式為

$$\frac{y-4}{x-2} = 4$$

亦即 $y = 4x - 4$ ■

例 3　求在 $y=\sqrt{1-x^2}$ 上，過 (0.6, 0.8) 點之切線方程式。

解　請注意 $y=\sqrt{1-x^2}$ 是圓 $x^2+y^2=1$ 的上半圓；所以圓心 O 到切點之直線，即法線，斜率為 $\frac{0.8}{0.6}$，而切線垂直法線，故其斜率為 $-\frac{3}{4}$。由點斜式知切線為

$$\frac{y-0.8}{x-0.6}=-0.75$$

亦即

$$y=(-0.75)x+1.25$$

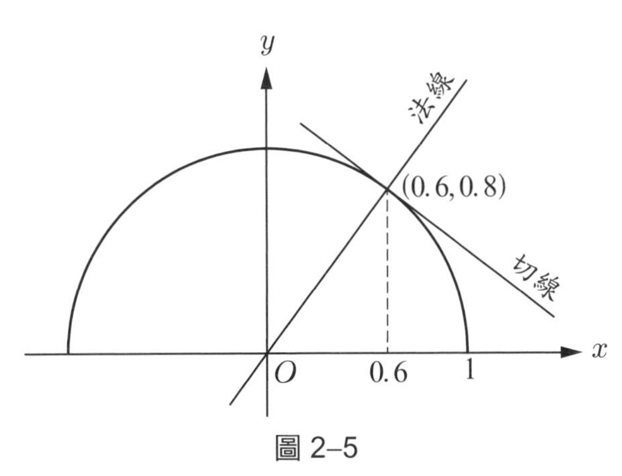

圖 2–5

另解　先按定義求切線斜率

$$\lim_{\Delta x\to 0}\frac{\sqrt{1-(0.6+\Delta x)^2}-\sqrt{1-(0.6)^2}}{\Delta x}$$

$$=\lim_{\Delta x\to 0}\frac{(\sqrt{1-(0.6+\Delta x)^2}-\sqrt{1-(0.6)^2})(\sqrt{1-(0.6+\Delta x)^2}+\sqrt{1-(0.6)^2})}{\Delta x(\sqrt{1-(0.6+\Delta x)^2}+\sqrt{1-(0.6)^2})}$$

$$=\lim_{\Delta x\to 0}\frac{-1.2-\Delta x}{2\times\sqrt{1-(0.6)^2}}=-\frac{3}{4}$$

再仿上述求出切線方程式。 ■

丙、導數的放大率解釋

讓我們想像函數 $y=f(x)$ 之變數 x 在某一直線 l_1 上變動，其值在平行的另一直線 l_2 上變動，且兩直線間夾著一個特殊鏡片（如圖 2–6)。

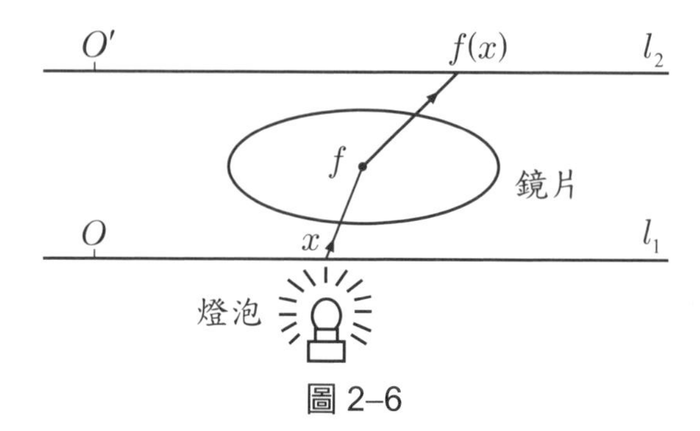

圖 2–6

鏡片的作用相當於函數 f 的作用，把點 x 照射至點 $f(x)$。對如此的照射，我們來考慮放大率的問題。顯然 f 將線段 $[c, c+\Delta x]$ 照射成 $[f(c), f(c+\Delta x)]$，故其平均放大率為 $\dfrac{f(c+\Delta x)-f(c)}{\Delta x}$。令 $\Delta x \to 0$，則極限值 $\lim\limits_{\Delta x\to 0}\dfrac{f(c+\Delta x)-f(c)}{\Delta x}=f'(c)$（若存在)，就是 f 在 $x=c$ 點處的放大率。

丁、導數的密度解釋

有一非均勻的鐵絲，如圖 2–7：

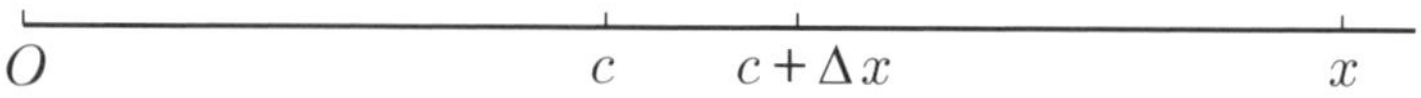

O $\quad c \quad c+\Delta x \quad x$

圖 2–7

假設從原點 O 到 x 點之質量為 $f(x)$，則從 c 點到 $c+\Delta x$ 點的質量為 $f(c+\Delta x)-f(c)$。於是「平均密度」（單位長的質量）為

$\dfrac{f(c+\Delta x)-f(c)}{\Delta x}$，令 $\Delta x \to 0$，若極限 $\lim \dfrac{f(c+\Delta x)-f(c)}{\Delta x}=f'(c)$ 存在，這就是 f 在 $x=c$ 點處之密度。由此我們也看出，質量函數的導函數就是密度函數。

以上我們介紹了導數的四種解釋，這些解釋都要切實掌握，這在以後我們要解釋一些式子的意義時，會很有幫助的。

例 4　設 $f(x)=x^2+px+q$，試回答下列問題：

(1) x 從 a 變到 b 時，$f(x)$ 的平均變化率；

(2)求 $x=c$ 點的導數；

(3)若(1)之平均變化率等於(2)之導數，試用 a, b 表出 c。

解　(1)
$$\frac{f(b)-f(a)}{b-a}=\frac{(b^2+pb+q)-(a^2+pa+q)}{b-a}=\frac{(b^2-a^2)+p(b-a)}{b-a}=\frac{(b-a)(b+a+p)}{b-a}=a+b+p$$

(2)
$$\lim_{h\to 0}\frac{f(c+h)-f(c)}{h}$$
$$=\lim_{h\to 0}\frac{[(c+h)^2+p(c+h)+q]-[c^2+pc+q]}{h}$$
$$=\lim_{h\to 0}\frac{h(2c+h+p)}{h}=\lim_{h\to 0}(2c+h+p)=2c+p$$

(3) $a+b+p=2c+p$，$\therefore c=\dfrac{a+b}{2}$

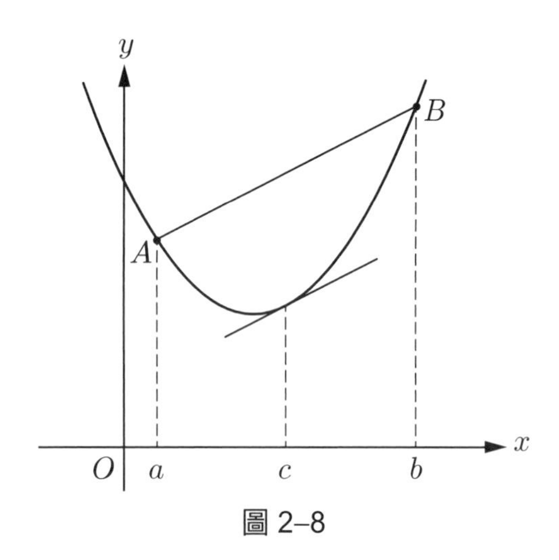

圖 2–8

■

例 5 設 $P(\alpha,\ \alpha^3)$ 為曲線 $y=x^3$ 上一點，試求通過 P 點的切線及法線方程式。

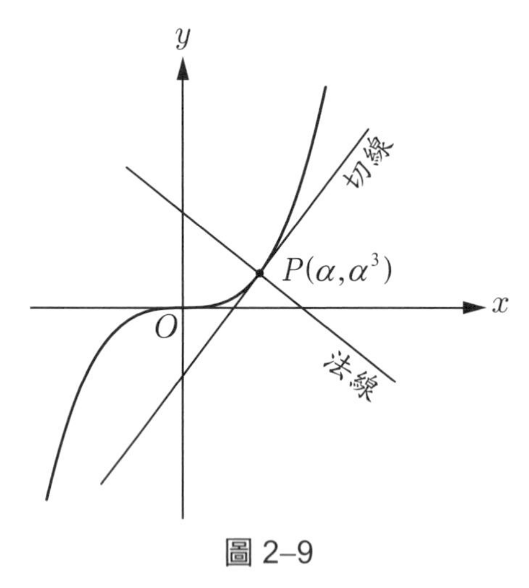

圖 2–9

解　因為 $y'=3x^2$，故當 $x=\alpha$ 時，$y'=3\alpha^2$ 為過 P 點的切線之斜率，由點斜式知切線方程式為

$y-\alpha^3=3\alpha^2(x-\alpha)$

或 $y=3\alpha^2x-2\alpha^3$

當 $\alpha\neq 0$ 時，法線方程式為

$y-\alpha^3=\dfrac{-1}{3\alpha^2}(x-\alpha)$

或 $y=-\dfrac{x}{3\alpha^2}+\alpha^3+\dfrac{1}{3\alpha}$ ■

（註：$\alpha=0$ 時之切線方程式為 x 軸，即 $y=0$，法線方程式為 y 軸，即 $x=0$。）

例 6　身高 1.6 m 的人在 4 m 高之街燈下以每分鐘 60 m 的速率沿直線離去街燈，試求此人的影端之速度以及影長的變率。

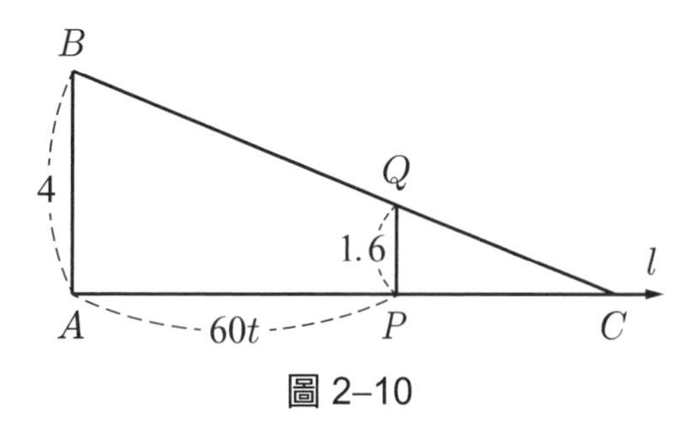

圖 2–10

解　設 l 為通過街燈正下方的一條直線，並且此人由 A 點出發經過 t 分鐘後的位置為 P，頭頂為 Q。連接 B 與 Q 交 l 於 C 點，則 C 點為影端，PC 為影長。

令 $S_1(t)=\overline{AC}$，因為 $\overline{AP}=60t$，故 $\overline{PC}=S_1(t)-60t$。

又 $PQ /\!/ AB$，故 $\dfrac{S_1(t)-60t}{S_1(t)}=\dfrac{1.6}{4}$，$\therefore S_1(t)=100t$

令 $\overline{PC}=S_2(t)$，則

$S_2(t)=\overline{AC}-\overline{AP}=S_1(t)-60t=40t$

$\therefore \dfrac{dS_1}{dt}=100,\ \dfrac{dS_2}{dt}=40$

答：影端之速度為 100 m/分，影長之變率為 40 m/分。■

習　題　2–2

求下列各函數在指定點之切線及法線方程式 (1～6)：

1. $f(x)=x^2-3x+2,\ x=-2$
2. $g(x)=x^3-1,\ x=1$
3. $y=2x-\dfrac{1}{2}x^2,\ x=3$
4. $y=3+3x-x^3,\ x=-1$
5. $y=\dfrac{4}{x-1},\ x=2$
6. $y=x^3-3x^2,\ x=1$
7. 求曲線 $y=5x-x^2$ 上，切線斜角為 45° 之點。
8. 求曲線 $y=x^3+x$ 上，切線與直線 $y=4x$ 平行之點。
9. 一棒長 6 m，在位置 x 處，溫度為 $-x^2+16x+20$（攝氏度），已知在任一點傳熱率與溫度變化率成正比，試問：傳熱率最大在哪一點？最小在哪一點？在何處，傳熱率為最小傳熱率之兩倍？
10. 一個石頭向上拋擲，其位置函數為 $S(t)=160t-16t^2$，試求速度函數與加速度函數。

2–3　可微分函數與連續函數的關係

首先我們注意到，在導數的定義

$$f'(c)=\lim_{\Delta x\to 0}\frac{f(c+\Delta x)-f(c)}{\Delta x} \tag{1}$$

之中，自變數的變化量 Δx 可正可負。

甲、單側可微分

1. 如果限制考慮 $\Delta x>0$ 的情形，就得到**右半導數**的概念：

$$D_{+}f(c)=f'_{+}(c)=\lim_{\Delta x\to 0^{+}}\frac{f(c+\Delta x)-f(c)}{\Delta x} \tag{2}$$

2. 如果限制考慮 $\Delta x<0$ 的情形，就得到**左半導數**的概念：

$$D_{-}f(c)=f'_{-}(c)=\lim_{\Delta x\to 0^{-}}\frac{f(c+\Delta x)-f(c)}{\Delta x} \tag{3}$$

如果一個函數 $y=f(x)$ 在 $x=c$ 點的左半導數 $f'_{-}(c)$ 存在，則稱 f 在 c 點為**左可微分**。同理，我們也可以定義**右可微分**。顯然，一個函數 $f(x)$ 在一點 c 可微分是指：「f 在 c 點左可微分及右可微分，並且 $f'_{+}(c)=f'_{-}(c)$」。當然存在有函數，左、右兩側皆可微分，但是不可微分的情形，下面就是一個例子。

例 1 設函數 f 定義為 $f(x)=|x|$，其圖形

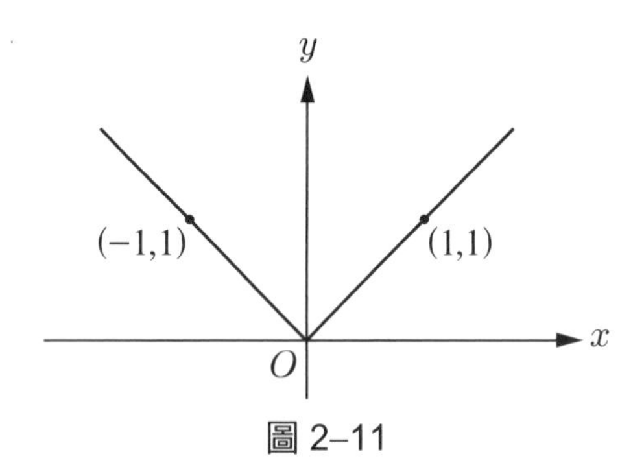

圖 2–11

我們考慮在 $x=0$ 的左半及右半導數。右半導數為 $\lim_{h\to 0^+}\frac{h-0}{h}=1$ $(h>0)$；左半導數為 $\lim_{h\to 0^-}\frac{(-h)-0}{h}=-1$ $(h<0)$。換言之，f 在 $x=0$ 點不可微分，因兩邊導數存在卻不等！ ■

乙、可微分必連續，反之不然

顯然函數 $f(x)=|x|$ 在 $x=0$ 點是連續的，這說明了，函數在某一點連續無法保證在該點可微分。反之，可微分性卻可保證連續性，因此可微分性對函數限制得比較苛（事實上，存在有到處連續，但到處不可微分的函數）。

定　理

若 f 在 $x=c$ 點可微分，則 f 在 c 點連續。

證明 $f(c+\Delta x)-f(c)=\dfrac{f(c+\Delta x)-f(c)}{\Delta x}\cdot\Delta x$

因為 $\lim\limits_{\Delta x\to 0}\dfrac{f(c+\Delta x)-f(c)}{\Delta x}=f'(c)$ 存在（有限數!）

所以

$$\lim_{\Delta x\to 0}[f(c+\Delta x)-f(c)]=\lim_{\Delta x\to 0}[\frac{f(c+\Delta x)-f(c)}{\Delta x}\cdot\Delta x]$$
$$=f'(c)\cdot 0=0$$

亦即

$$\lim_{\Delta x\to 0}f(c+\Delta x)=f(c)$$

因此 f 在 c 點連續。■

推　論

若 f 為一個可微分函數，則 f 必為一個連續函數。反之不然。

由例 1 看來，一個函數的圖形若在某一點有「角」，導數就不存在。事實上，一個函數在某一點可導就表示函數圖形在那一點附近相當「平滑」(smooth)。讓我們再來舉一些不可微分的例子。

例 2 考慮函數 $f(x)=x^{\frac{2}{3}}$, $-\infty<x<\infty$。

顯然 $\lim\limits_{x\to 0}x^{\frac{2}{3}}=0=f(0)$，即 $f(x)$ 在 $x=0$ 點連續。

但是 $\lim\limits_{\Delta x\to 0}\dfrac{(0+\Delta x)^{\frac{2}{3}}-0}{\Delta x}=\lim\limits_{\Delta x\to 0}\dfrac{(\Delta x)^{\frac{2}{3}}}{\Delta x}=\lim\limits_{\Delta x\to 0}\dfrac{1}{(\Delta x)^{\frac{1}{3}}}$ 不存在。

事實上，我們有

$$\lim_{\Delta x\to 0^+}\frac{(0+\Delta x)^{\frac{2}{3}}-0}{\Delta x}=\lim_{\Delta x\to 0^+}\frac{1}{(\Delta x)^{\frac{1}{3}}}=+\infty;$$

而 $$\lim_{\Delta x\to 0^-}\frac{(0+\Delta x)^{\frac{2}{3}}-0}{\Delta x}=\lim_{\Delta x\to 0^-}\frac{1}{(\Delta x)^{\frac{1}{3}}}=-\infty。$$

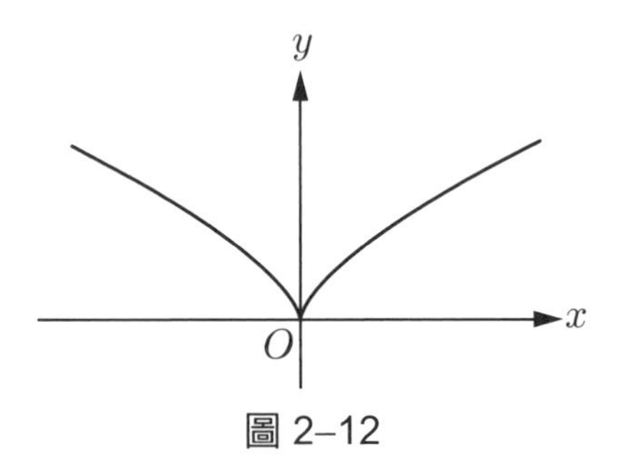

圖 2–12

■

例 3 考慮函數：

$$f(x)=\begin{cases} x\sin\frac{1}{x}, & \text{當 } x\neq 0 \\ 0, & \text{當 } x=0 \end{cases}$$

利用夾擠原理可證明：

$$\lim_{x\to 0}x\sin\frac{1}{x}=0=f(0)$$

事實上，當 $x>0$ 時

$$-x<x\sin\frac{1}{x}<x$$

又當 $x<0$ 時

$$x<x\sin\frac{1}{x}<-x$$

於是

$$\lim_{x\to 0^+}x\sin\frac{1}{x}=0=\lim_{x\to 0^-}x\sin\frac{1}{x}$$

因此

$$\lim_{x\to 0}x\sin\frac{1}{x}=0=f(0)$$

所以 $f(x)$ 在 $x=0$ 點連續。但是此時

$$\lim_{\Delta x\to 0}\frac{f(0+\Delta x)-f(0)}{\Delta x}=\lim_{\Delta x\to 0}\frac{\Delta x\sin\dfrac{1}{\Delta x}}{\Delta x}$$

$$=\lim_{\Delta x\to 0}\sin\frac{1}{\Delta x}$$

卻不存在，因為當 $\Delta x\to 0$ 時，$\sin\dfrac{1}{\Delta x}$ 的值在 $+1$ 與 -1 之間跳動不定，因此 $f'(0)$ 不存在。見下圖：

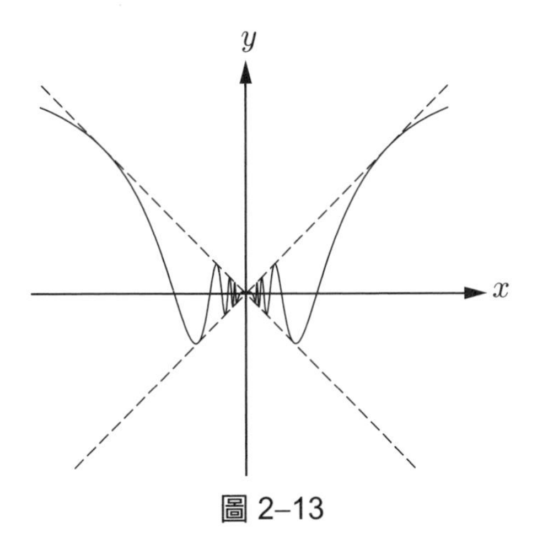

圖 2–13 ■

歷史上有一段很長的時間，人們以為一個連續函數除了 n 個個別點不可微分外，應該在其他點都可微分。直到十九世紀後半期才給出在每一點都不可微分的連續函數的例子，人們以為第一個提出這種例子的是在 1871 年的德國數學家魏爾斯特拉斯 (Weierstrass, 1815～1897)，事實上在 1830 年捷克數學家波爾查諾 (Bolzano, 1781～1848) 就已建立了這種例子，而早在 1834 年俄羅斯數學家羅巴切夫斯基 (Lobachevsky, 1792～1856) 就已區別了連續性與可微分性。

習 題 2–3

1.設函數 $f(x)$ 定義且作圖如下：

$$f(x)=\begin{cases} x^2-1 & ,\ -1\le x<0 \\ 2x & ,\ 0\le x<1 \\ 1 & ,\ x=1 \\ -2x+4, & 1<x<2 \\ 0 & ,\ 2<x\le 3 \end{cases}$$

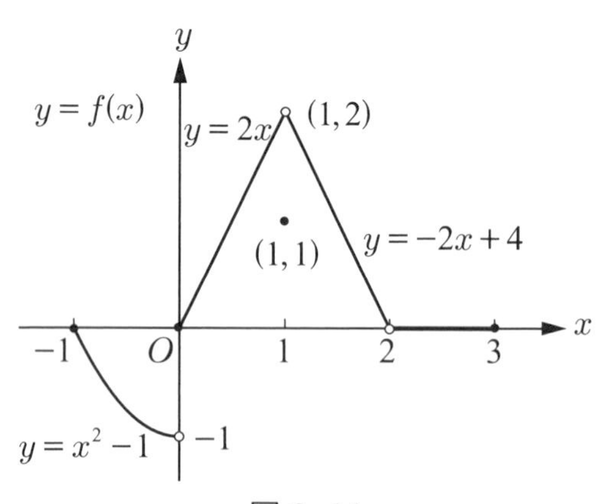

圖 2–14

請回答下列問題：

(1) $f(-1)$ 存在嗎？

$\lim\limits_{x\to -1^+} f(x)$ 存在嗎？

$\lim\limits_{x\to -1^+} f(x)=f(-1)$ 嗎？

f 在 $x=-1$ 點連續嗎？

(2) $f(1)$ 存在嗎？

$\lim\limits_{x\to 1} f(x)$ 存在嗎？

$\lim\limits_{x\to 1} f(x)=f(1)$ 嗎？

f 在 $x=1$ 點連續嗎？

(3) f 在 $x=2$ 點有定義嗎?

f 在 $x=2$ 點連續嗎?

(4)找出 f 的不可微分之點，並且求這些點的左半、右半導數。

2. 試作出下列各函數的圖形:

(1) $H(t)=\begin{cases}1, & 當\ t\geq 0\ 時\\ 0, & 當\ t<0\ 時\end{cases}$ （這叫做 Heaviside 單位函數）

(2) $F(t)=H(t)-H(t-1)$

(3) $f(x)=H(x^2-4)$

(4) $g(t)=t^2[H(t)+H(t+1)]$

3. 試討論上題各函數，在那些點可微分，那些點不可微分?

4. 設 $f(x)=|x|+x$，求作它的函數圖形，並且證明 f 在 $x=0$ 點不可微分。

2–4　微分的基本公式

利用一些微分規則與基本的微分公式，我們就可以辦得到：對於任何函數，只要能夠用公式寫出來，就一定可以求算出它的導函數。

本節我們要來介紹這些基本的微分規則與微分公式。

甲、微分的疊合原理

兩個函數 f 與 g 相加起來，得到 $f+g$；一個函數 f 乘以一個實數 α，得到 αf；如何求 $f+g$ 與 αf 的微分?

定　理 1

（疊合原理）

$$\begin{cases} D(f+g) = Df + Dg & \text{（加性）} \\ D(\alpha f) = \alpha Df & \text{（齊性）} \end{cases}$$

證明 $D(f+g)(x) = \lim\limits_{\Delta x \to 0} \dfrac{(f+g)(x+\Delta x) - (f+g)(x)}{\Delta x}$

$$= \lim_{\Delta x \to 0} \frac{[f(x+\Delta x) - f(x)] + [g(x+\Delta x) - g(x)]}{\Delta x}$$

$$= \lim_{\Delta x \to 0} \frac{f(x+\Delta x) - f(x)}{\Delta x} + \lim_{\Delta x \to 0} \frac{g(x+\Delta x) - g(x)}{\Delta x}$$

$$= Df(x) + Dg(x)$$

$$D(\alpha f)(x) = \lim_{\Delta x \to 0} \frac{(\alpha f)(x+\Delta x) - (\alpha f)(x)}{\Delta x}$$

$$= \lim_{\Delta x \to 0} \frac{\alpha[f(x+\Delta x) - f(x)]}{\Delta x}$$

$$= \alpha \lim_{\Delta x \to 0} \frac{f(x+\Delta x) - f(x)}{\Delta x}$$

$$= \alpha Df(x)$$

■

（註：說得更嚴謹一點應該是（以後都作如是觀）：

若 Df 及 Dg 存在，則 $D(f+g)$ 及 $D(\alpha f)$ 亦存在，且有

$D(f+g) = Df + Dg$ 及 $D(\alpha f) = \alpha Df$。）

推　論

(1) $D(f-g) = Df - Dg$

(2) $D(\alpha_1 f_1 + \cdots + \alpha_n f_n) = \alpha_1 Df_1 + \cdots + \alpha_n Df_n$

隨堂練習　請證明上述推論。

（提示：(2)可用數學歸納法證明）

乙、多項式函數之微分

例 1　常函數 $f(x)\equiv c$ 的微分等於 0。

證明　這是顯然的，因為常函數的圖形為水平線，故每一點的切線斜率為 0，按定義來做也很容易：

$$Df(x)=\lim_{\Delta x\to 0}\frac{f(x+\Delta x)-f(x)}{\Delta x}=\lim_{\Delta x\to 0}\frac{c-c}{\Delta x}=0 \qquad \blacksquare$$

（註：反過來，「導函數等於 0 者，必為常函數」這句話也成立，容後證明，因為比較深一點。）

例 2　一次函數 $f(x)=ax+b$ 的微分 $D(ax+b)=a$。

證明

$$D(ax+b)=\lim_{\Delta x\to 0}\frac{[a(x+\Delta x)+b]-(ax+b)}{\Delta x}$$

$$=\lim_{\Delta x\to 0}\frac{a\Delta x}{\Delta x}=a \qquad \blacksquare$$

（註：一次函數 $y=ax+b$ 的圖形為直線，斜率為 a；而圖形上每一點的切線跟圖形重合，故切線斜率為 a。）

例 3　$Dx^2=2x$

證明

$$Dx^2=\lim_{\Delta x\to 0}\frac{(x+\Delta x)^2-x^2}{\Delta x}$$

$$=\lim_{\Delta x\to 0}\frac{2x\Delta x+(\Delta x)^2}{\Delta x}$$

$$=\lim_{\Delta x\to 0}(2x+\Delta x)=2x \qquad \blacksquare$$

例 4 $Dx^3 = 3x^2$

證明 $Dx^3 = \lim\limits_{\Delta x \to 0} \dfrac{(x+\Delta x)^3 - x^3}{\Delta x}$

$$= \lim_{\Delta x \to 0} \frac{3x^2\Delta x + 3x(\Delta x)^2 + (\Delta x)^3}{\Delta x}$$

$$= \lim_{\Delta x \to 0} [3x^2 + 3x(\Delta x) + (\Delta x)^2] = 3x^2$$ ■

觀察了這些函數的微分公式，我們很自然會猜測到下面的結果：

定 理 2

$Dx^n = nx^{n-1}$，其中 $n \in \mathbb{N}$

證明 $Dx^n = \lim\limits_{\Delta x \to 0} \dfrac{(x+\Delta x)^n - x^n}{\Delta x}$

（利用二項式定理）

$$= \lim_{\Delta x \to 0} \frac{{}_nC_1 x^{n-1}\Delta x + {}_nC_2 x^{n-2}(\Delta x)^2 + \cdots + (\Delta x)^n}{\Delta x}$$

$$= \lim_{\Delta x \to 0} \{ nx^{n-1} + \Delta x[{}_nC_2 x^{n-2} + \cdots + (\Delta x)^{n-2}] \}$$

$$= nx^{n-1}$$ ■

（註：我們也可以證明，當 n 為任何實數時，本定理的結果還是成立的。這個定理告訴我們，要算 Dx^n，其規則是：把 x 右肩上的指數減去 1，得 x^{n-1}，再乘以指數 n，就得到我們所要的答案 nx^{n-1}。）

例 5 作為以上定理的特例，我們有：

$Dx = 1$, $Dx^2 = 2x$, $Dx^3 = 3x^2$, $Dx^4 = 4x^3$ 等等。 ■

利用疊合原理，再配合上一些基本的微分公式，就可以對付更複雜一點的函數之微分了。

特別是，任何多項式函數的微分目前已可完全解決：

定　理 3

$$\begin{aligned}
&D(a_n x^n + a_{n-1}x^{n-1} + \cdots + a_1 x + a_0) \\
&= D(a_n x^n) + D(a_{n-1}x^{n-1}) + \cdots + D(a_1 x) + D(a_0) \\
&= a_n Dx^n + a_{n-1}Dx^{n-1} + \cdots + a_1 Dx + 0 \\
&= na_n x^{n-1} + (n-1)a_{n-1}x^{n-2} + \cdots + a_1
\end{aligned}$$

例 6　$D(x^6 + 3x^2 - x + 2)$

$$= Dx^6 + D(3x^2) - Dx + D2$$

$$= 6x^5 + 6x - 1$$

■

丙、Leibniz 微分公式

為了要對更多複雜的函數求微分，除了疊合公式之外，還需要介紹兩函數乘積及商的微分公式：

定　理 4

（兩函數乘積的微分公式，又叫**萊布尼茲** (Leibniz) **微分公式**）

若 f 及 g 可微分，則 $f \cdot g$ 亦可微分，且有

$$D(f \cdot g) = g \cdot Df + f \cdot Dg$$

證明 $D(f\cdot g)(x)=\lim\limits_{\Delta x\to 0}\dfrac{(f\cdot g)(x+\Delta x)-(f\cdot g)(x)}{\Delta x}$

$$=\lim_{\Delta x\to 0}\frac{f(x+\Delta x)g(x+\Delta x)-f(x)g(x)}{\Delta x}$$

$$=\lim_{\Delta x\to 0}[\frac{f(x+\Delta x)g(x+\Delta x)-f(x)g(x+\Delta x)}{\Delta x}$$

$$+\frac{f(x)g(x+\Delta x)-f(x)g(x)}{\Delta x}]$$

$$=\lim_{\Delta x\to 0}[g(x+\Delta x)(\frac{f(x+\Delta x)-f(x)}{\Delta x})$$

$$+f(x)(\frac{g(x+\Delta x)-g(x)}{\Delta x})]$$

$$=g(x)\cdot Df(x)+f(x)\cdot Dg(x)$$

(因為 $g(x)$ 是連續函數，所以 $\lim\limits_{\Delta x\to 0}g(x+\Delta x)=g(x)$) ■

例 7 求 $D[(x^2+x^3)(x^4-x+5)]$。

解 $D[(x^2+x^3)(x^4-x+5)]$

$$=(x^2+x^3)D(x^4-x+5)+(x^4-x+5)D(x^2+x^3)$$

$$=(x^2+x^3)(4x^3-1)+(x^4-x+5)(2x+3x^2)$$ ■

例 8 試證 $D(f\cdot g\cdot h)=(Df)\cdot g\cdot h+f\cdot(Dg)\cdot h+f\cdot g\cdot(Dh)$。

證明 $D(f\cdot g\cdot h)=D[(f\cdot g)\cdot h]$

$$=[D(f\cdot g)]\cdot h+f\cdot g\cdot Dh$$

$$=[Df\cdot g+f\cdot Dg]\cdot h+f\cdot g\cdot Dh$$

$$=Df\cdot g\cdot h+f\cdot Dg\cdot h+f\cdot g\cdot Dh$$ ■

例 9　求 $D[(x-1)(x-2)(x-3)]$。

解　$D[(x-1)(x-2)(x-3)]$

$=[D(x-1)]\cdot(x-2)(x-3)+(x-1)\cdot[D(x-2)]\cdot(x-3)$

$\quad+(x-1)(x-2)\cdot[D(x-3)]$

$=(x-2)(x-3)+(x-1)(x-3)+(x-1)(x-2)$ ■

隨堂練習　求 $D[(x^2+1)(5x^4+x^3-x^2+2)]$。

丁、兩函數商的微分公式

定　理 5

（兩函數商之微分公式）

若 f 及 g 在 x_0 點可微分，且 $g(x_0)\neq 0$，則 $\frac{f}{g}$ 也在 x_0 點可微分，且有

$$D(\frac{f}{g})(x_0)=\frac{g(x_0)Df(x_0)-f(x_0)Dg(x_0)}{[g(x_0)]^2}$$

一般寫成

$$D(\frac{f}{g})=\frac{g\cdot Df-f\cdot Dg}{g^2}$$

證明 $D(\frac{f}{g})(x)$

$$= \lim_{\Delta x \to 0} \frac{\frac{f(x+\Delta x)}{g(x+\Delta x)} - \frac{f(x)}{g(x)}}{\Delta x}$$

$$= \lim_{\Delta x \to 0} [\frac{1}{g(x)g(x+\Delta x)} \cdot \frac{f(x+\Delta x)g(x) - f(x)g(x+\Delta x)}{\Delta x}]$$

$$= \lim_{\Delta x \to 0} \frac{1}{g(x)g(x+\Delta x)} [g(x) \cdot \frac{f(x+\Delta x) - f(x)}{\Delta x}$$

$$- f(x) \cdot \frac{g(x+\Delta x) - g(x)}{\Delta x}]$$

$$= \frac{g(x)Df(x) - f(x)Dg(x)}{[g(x)]^2}$$

因為 $g(x)$ 是連續函數，所以 $\lim_{\Delta x \to 0} g(x+\Delta x) = g(x)$ ■

例 10 求 $D(\frac{x^2}{x^3+1})$。

解

$$D(\frac{x^2}{x^3+1}) = \frac{(x^3+1)Dx^2 - x^2 \cdot D(x^3+1)}{(x^3+1)^2}$$

$$= \frac{(x^3+1) \cdot 2x - x^2 \cdot 3x^2}{(x^3+1)^2}$$

$$= \frac{2x - x^4}{(x^3+1)^2}$$ ■

推　論

$$D(\frac{1}{g}) = -\frac{Dg}{g^2}$$

證明 $D(\frac{1}{g})=\frac{g\cdot D1-1\cdot Dg}{g^2}=\frac{g\cdot 0-Dg}{g^2}=\frac{-Dg}{g^2}$ ■

例 11 求 $D(\frac{1}{2x^3+x+5})$。

解 $D(\frac{1}{2x^3+x+5})=\frac{-D(2x^3+x+5)}{(2x^3+x+5)^2}=\frac{-(6x^2+1)}{(2x^3+x+5)^2}$ ■

在定理 2 裡我們看過，當 n 為自然數時

$$Dx^n=nx^{n-1}$$

底下我們要把上式中的指數 n 逐步推廣成負整數與有理數。

例 12 設 $n\in\mathbb{N}$（自然數集），試證

$Dx^{-n}=-nx^{-n-1}$

證明 $Dx^{-n}=D(\frac{1}{x^n})=\frac{-Dx^n}{x^{2n}}=\frac{-nx^{n-1}}{x^{2n}}=-nx^{-n-1}$ ■

例 13 求證 $Dx^{\frac{1}{2}}=\frac{1}{2}x^{-\frac{1}{2}}$。

證明 $Dx^{\frac{1}{2}}=\lim\limits_{\Delta x\to 0}\frac{\sqrt{x+\Delta x}-\sqrt{x}}{\Delta x}$

$=\lim\limits_{\Delta x\to 0}\frac{(\sqrt{x+\Delta x}-\sqrt{x})(\sqrt{x+\Delta x}+\sqrt{x})}{\Delta x(\sqrt{x+\Delta x}+\sqrt{x})}$

（利用 $a^2-b^2=(a+b)(a-b)$）

$=\lim\limits_{\Delta x\to 0}\frac{\Delta x}{\Delta x(\sqrt{x+\Delta x}+\sqrt{x})}$

$=\lim\limits_{\Delta x\to 0}\frac{1}{\sqrt{x+\Delta x}+\sqrt{x}}$

$=\frac{1}{2\sqrt{x}}=\frac{1}{2}x^{-\frac{1}{2}}$ ■

例 14 試證 $Dx^{\frac{1}{n}}=\frac{1}{n}x^{(\frac{1}{n}-1)}$, $n\in\mathbb{N}$。

證明 $Dx^{\frac{1}{n}}$

$$=\lim_{\Delta x\to 0}\frac{\sqrt[n]{x+\Delta x}-\sqrt[n]{x}}{\Delta x}$$

$$=\lim_{\Delta x\to 0}\frac{(\sqrt[n]{(x+\Delta x)}-\sqrt[n]{x})(\sqrt[n]{(x+\Delta x)^{n-1}}+\sqrt[n]{(x+\Delta x)^{n-2}x}+\cdots+\sqrt[n]{x^{n-1}})}{\Delta x(\sqrt[n]{(x+\Delta x)^{n-1}}+\sqrt[n]{(x+\Delta x)^{n-2}x}+\cdots+\sqrt[n]{x^{n-1}})}$$

（利用 $a^n-b^n=(a-b)(a^{n-1}+a^{n-2}b+\cdots+b^{n-1})$）

$$=\lim_{\Delta x\to 0}\frac{\Delta x}{\Delta x(\sqrt[n]{(x+\Delta x)^{n-1}}+\cdots+\sqrt[n]{x^{n-1}})}$$

$$=\lim_{\Delta x\to 0}\frac{1}{(\sqrt[n]{(x+\Delta x)^{n-1}}+\cdots+\sqrt[n]{x^{n-1}})}$$

$$=\frac{1}{n\sqrt[n]{x^{n-1}}}=\frac{1}{n}x^{(\frac{1}{n}-1)}$$ ■

例 15 試證 $Dx^{-\frac{1}{n}}=-\frac{1}{n}x^{-\frac{1}{n}-1}$, $n\in\mathbb{N}$。

證明 $Dx^{-\frac{1}{n}}=D\frac{1}{x^{\frac{1}{n}}}=\frac{-Dx^{\frac{1}{n}}}{(x^{\frac{1}{n}})^2}$

$$=\frac{-\frac{1}{n}x^{\frac{1}{n}-1}}{x^{\frac{2}{n}}}=-\frac{1}{n}x^{-\frac{1}{n}-1}$$ ■

戊、連鎖規則

假設 f 在點 $x=c$ 可微分，而且 g 在點 $f(c)$ 亦可微分，現在我們要問 $h=g\circ f$ 是否在點 $x=c$ 可微分？下面的定理回答了這個問題：

定　理 6

（合成函數的微分公式，又叫**連鎖規則** (chain rule)）

假設 f 在點 c 可微分，g 在點 $f(c)$ 亦可微分，則 $h\equiv g\circ f$ 在點 c 可微分，且有 $Dh(c)=g'(f(c))\cdot f'(c)$。

注意：當 $y=f(u)$ 且 $u=g(x)$ 時，合成函數 $y=f(g(x))$ 的微分公式常寫成

$$\frac{dy}{dx}=\frac{dy}{du}\cdot\frac{du}{dx} \tag{1}$$

我們不打算去證明這個定理，只想用直觀的看法，來解釋為什麼(1)式會成立。為此，我們要把導數解釋成放大率的觀念，我們想像 f 與 g 都是一種照射，f 從直線 l_1 照射至直線 l_2，而 g 從直線 l_2 照射至直線 l_3，如下圖 2–15：

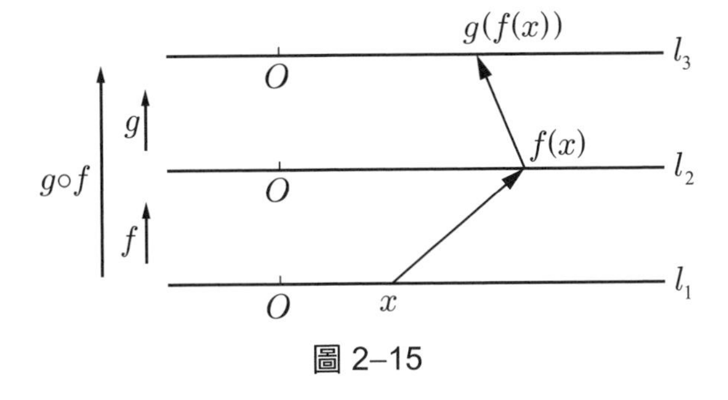

圖 2–15

於是 $f'(x)$ 代表從 l_1 照射至 l_2，在 x 點的放大率；$g'(f(x))$ 代表從 l_2 照射至 l_3，在 $f(x)$ 點的放大率。合起來看，從 l_1 照射至 l_3 在 x 點的放大率為 $D(g\circ f)(x)$，這等於兩個放大率 $g'(f(x))$ 與 $f'(x)$ 的乘積 $g'(f(x))\cdot f'(x)$。

連鎖規則是微分公式中最重要的一個，大凡較複雜的函數大概都是由某些較簡單函數合成的，欲求其導函數就要用到連鎖規則。

例 16 試證 $Dx^{\frac{m}{n}}=\frac{m}{n}x^{\frac{m}{n}-1}$, $m, n\in\mathbb{Z}$，且 $n\neq 0$。

證明 $Dx^{\frac{m}{n}}=D(x^{\frac{1}{n}})^m$

$=m(x^{\frac{1}{n}})^{m-1}\cdot Dx^{\frac{1}{n}}$ （連鎖公式）

$=mx^{\frac{m-1}{n}}\cdot\frac{1}{n}x^{\frac{1}{n}-1}$

$=\frac{m}{n}x^{\frac{m}{n}-1}$ ■

（註：至此，公式 $Dx^r=rx^{r-1}$，對 r 為有理數時均成立了。對於 r 是實數的情形也成立，這留待第六章證明，見 6–1 節的例 4。）

例 17 求 $D\sqrt{1+x^2}$。

解 令 $y=\sqrt{u}$, $u=1+x^2$

由連鎖規則知

$$\frac{dy}{dx}=\frac{dy}{du}\frac{du}{dx}=\frac{d}{du}(\sqrt{u})\cdot\frac{d}{dx}(1+x^2)$$

$$=\frac{1}{2\sqrt{u}}\cdot 2x=\frac{x}{\sqrt{1+x^2}}$$ ■

例 18　求 $D(x^2+1)^{20}$。

解　設 $f(x)=x^{20}$, $g(x)=x^2+1$，則

$(f\circ g)(x)=f(g(x))=f(x^2+1)=(x^2+1)^{20}$

因 $f'(x)=20x^{19}$ 且 $g'(x)=2x$，故由連鎖公式得

$$\underbrace{D[(x^2+1)^{20}]}_{(f\circ g)'(x)}=\underbrace{20(x^2+1)^{19}}_{f'(g(x))}\cdot\underbrace{2x}_{g'(x)}$$ ■

（註：顯然這比直接展開 $(x^2+1)^{20}$ 再求微分快得多了!）

例 19　求 $D(\dfrac{1-2x}{1+2x})^4$。

解　$D(\dfrac{1-2x}{1+2x})^4$

$=4(\dfrac{1-2x}{1+2x})^3\cdot D(\dfrac{1-2x}{1+2x})$

$=4(\dfrac{1-2x}{1+2x})^3\cdot\dfrac{(1+2x)\cdot(-2)-(1-2x)\cdot 2}{(1+2x)^2}$

$=\dfrac{-16(1-2x)^3}{(1+2x)^5}$ ■

例 20　$D\dfrac{(x^2-1)^3}{(x^2+1)^2}$

$=\dfrac{3(x^2-1)^2\cdot 2x(x^2+1)^2-(x^2-1)^3\cdot 2(x^2+1)\cdot 2x}{(x^2+1)^4}$

$=\dfrac{2x(x^2-1)^2(x^2+5)}{(x^2+1)^3}$ ■

習 題 2-4

求下列各多項式函數的導函數:

1. $x^6+5x^5+4x^4+3x^3+2x^2+x+1$
2. $(x^2-x+1)(x^2+x+1)$
3. x^5-3x^2+1
4. $x-x^2+5x^3-x^5$
5. $3x^5+5x^2-2$
6. $2x^3-\pi x^2+\dfrac{1}{4}x+6$
7. $(x^5-3x)^4$
8. $(x^2-2)^{500}$
9. $(1-3x)^{-2}$
10. $\dfrac{1}{(x^3-5x+1)^5}$
11. $(2x-6)(3x^2+9)$
12. $(x-1)(x^4+x^3+7)$
13. $(x^4+1)(x^4-1)$
14. $\dfrac{4x-x^4}{7x+8}$
15. $x^4-\dfrac{1}{x^2-1}$
16. $\dfrac{2x}{x-1}-\dfrac{x+2}{2x}$
17. $\dfrac{3x^3+2x^2-3x+7}{2x-3}$
18. $(5x+3)^4(4x-3)^7$
19. $(x^2-2)^5(x^2+2)^{10}$
20. $\dfrac{x^4-10x^2}{(x^2-6)^2}$

2–5 反函數、隱函數與參變函數的微分法

甲、反函數的微分公式

設函數 $f: x \to y$ 的反函數為 $g: y \to x$，如何求 Dg 呢? 我們把 f 看成是從 x 到 y 的照射，則 g 是從 y 到 x，順原路回來的逆照射。導數解釋成放大率，那麼如果從 x 到 y 的照射之放大率是 3，則從 y 到 x 的逆照射回來之放大率就是 $\frac{1}{3}$。換言之，g 與 f 的放大率互逆。

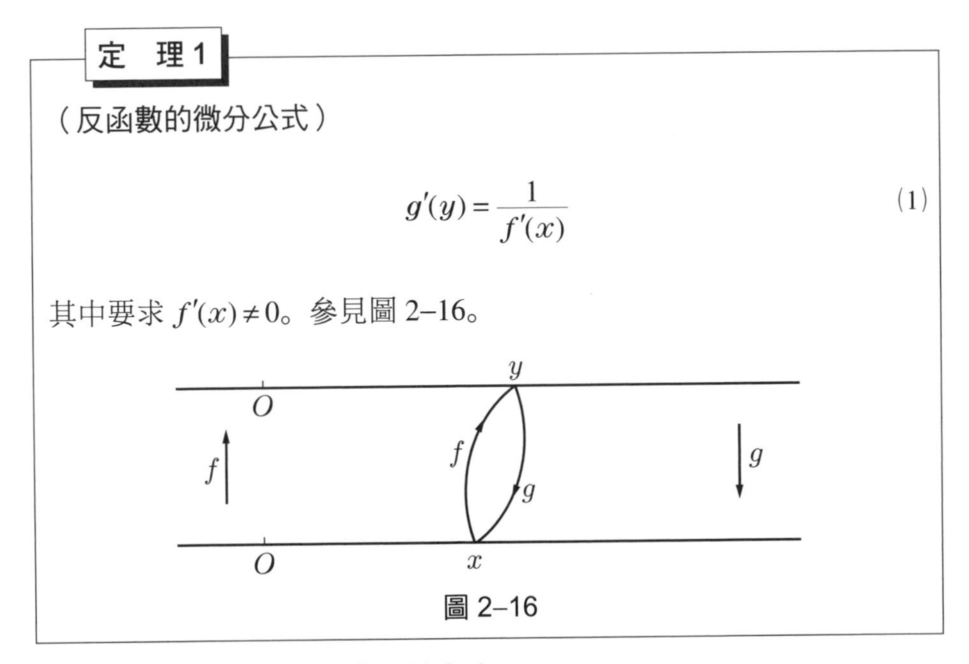

定 理 1

（反函數的微分公式）

$$g'(y) = \frac{1}{f'(x)} \tag{1}$$

其中要求 $f'(x) \neq 0$。參見圖 2–16。

圖 2–16

採用 Leibniz 的記號，(1)式可以表成

$$\frac{dx}{dy} = \frac{1}{\frac{dy}{dx}} \tag{2}$$

其中我們假設 $\frac{dy}{dx} \neq 0$。

我們也可以利用下面的幾何論證來推導反函數的微分公式。參見圖 2–17。

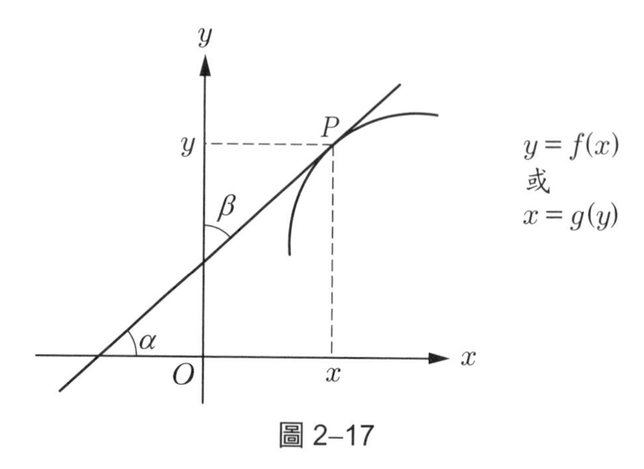

圖 2–17

假設過曲線 $y = f(x)$ 或 $x = g(y)$ 上一點 P 的切線，與正向 x 軸的交角為 α，並且與正向 y 軸的交角為 β。利用導數是切線斜率的解釋，則

$$f'(x) = \tan\alpha,\ g'(y) = \tan\beta$$

今因 $\alpha + \beta = \frac{\pi}{2}$，故 $\alpha = \frac{\pi}{2} - \beta$，兩邊取 tan 得

$$\tan\alpha = \tan(\frac{\pi}{2} - \beta) = \cot\beta = \frac{1}{\tan\beta}$$

換言之，$y = f(x)$ 與 $x = g(y)$ 的導數互逆也。

另一個辦法是利用連鎖規則。因為 $y = f(x)$，$x = g(y)$，所以 $x = g(f(x))$，對 x 微分得

$$1 = g'(f(x))f'(x)$$

故當 $f'(x) \neq 0$ 時，我們有

$$g'(f(x)) = \frac{1}{f'(x)}$$

或
$$g'(y) = \frac{1}{f'(x)}$$

我們要強調，在微分公式中，以連鎖規則最重要，因為比較複雜的函數大概都是合成函數。

乙、隱函數的微分公式

一個函數 $y=f(x)$ 可以看作是含兩變元 x, y 的方程式 $G(x, y) \equiv y - f(x) = 0$。反過來，給一個兩變元方程式 $F(x, y)=0$，我們要問：是否有一個函數 $y=f(x)$ 或 $x=g(y)$ 隱含在其中？這就是隱函數問題。例如 $F(x, y)=x^2+y^2-1=0$ 就含有兩個函數，$y=\sqrt{1-x^2}$ 與 $y=-\sqrt{1-x^2}$，一個是上半圓，一個是下半圓。參見圖 2–18。

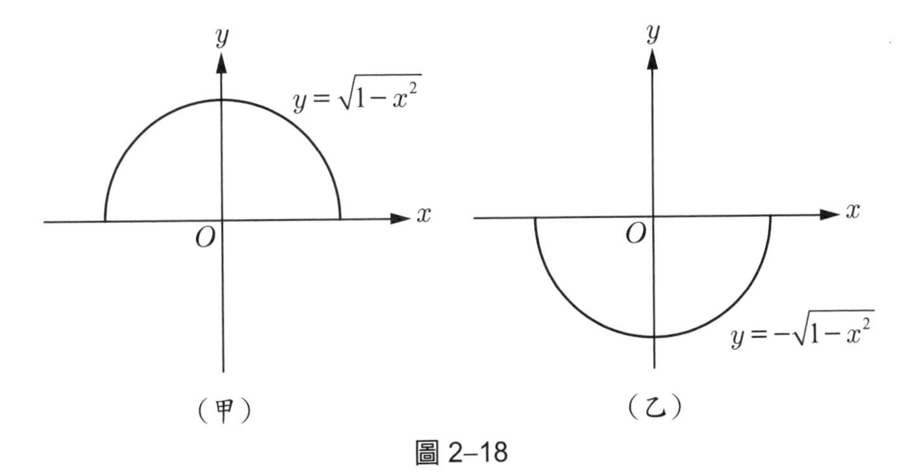

圖 2–18

原則上，若隱函數存在，則可由 $F(x, y)=0$ 解出 $y=f(x)$，但往往不容易辦到，例如 $x^3-3axy+y^3=0$，或是根本就解不出來，例如 $e^{xy}=xy$。

如果已知有一個可微分函數 $y=f(x)$ 隱含於方程式 $F(x, y)=0$ 之中（我們稱這樣的函數 $y=f(x)$ 為**隱函數**），不論 $y=f(x)$ 可以明白解出與否，我們都可以求得 $y=f(x)$ 的導函數。我們先看下面一個例子：

例 1 假設我們已經知道 y 是 x 的函數且可微分，並且滿足

$$3x^3y-4y-2x+1=0$$

問如何求 $\frac{dy}{dx}$？

解 一個辦法是先解出 y，表成 x 的函數（如果可以辦得到的話）。

$$(3x^3-4)y-2x+1=0$$

$$(3x^3-4)y=2x-1$$

$$y=\frac{2x-1}{3x^3-4}$$

然後計算 $\frac{dy}{dx}$：

$$\begin{aligned}\frac{dy}{dx}&=\frac{(3x^3-4)2-(2x-1)(9x^2)}{(3x^3-4)^2}\\&=\frac{6x^3-8-18x^3+9x^2}{(3x^3-4)^2}\\&=-\frac{12x^3-9x^2+8}{(3x^3-4)^2}\end{aligned} \tag{3}$$

另一個辦法是回到原方程式

$$3x^3y-4y-2x+1=0$$

我們不去解出 y，只想像 y 是 x 的函數，然後兩邊對 x 作微分，得到

$$3x^3\frac{dy}{dx}+9x^2y-4\frac{dy}{dx}-2=0$$（利用 Leibniz 規則）

$$(3x^3-4)\frac{dy}{dx}=2-9x^2y$$

$$\frac{dy}{dx}=\frac{2-9x^2y}{3x^3-4} \tag{4}$$

這個過程就叫做**隱函數的微分**。也許你會說，(4)式與(3)式不一樣，其實這是不礙事的，如果你再將

$$y=\frac{2x-1}{3x^3-4}$$

代入(4)式就得到

$$\frac{dy}{dx}=\frac{2-9x^2(\frac{2x-1}{3x^3-4})}{3x^3-4}$$

$$=\frac{6x^3-8-18x^3+9x^2}{(3x^3-4)^2}$$

$$=-\frac{12x^3-9x^2+8}{(3x^3-4)^2}$$

這就跟(3)式一致了。 ■

換言之，在 $F(x, y)=0$ 中，若已確定 y 是 x 的函數，而且 y 對 x 可微分，則只需對 x 求微分，就可解出 y' 來。

例 2　已知一圓 $x^2+y^2=25$，求 $\frac{dy}{dx}$ 及通過圓上一點 (3, 4) 的切線方程式。

解　對 x 求微分得 $2x+2yy'=0$

$$\therefore y'=-\frac{x}{y}$$

因此通過 (3, 4) 點的切線斜率為 $-\frac{3}{4}$，於是切線方程式為

$$\frac{y-4}{x-3}=-\frac{3}{4}$$ ■

例 3 已知 $y^2=4px\ (p>0)$，求 $\dfrac{dy}{dx}$ 及通過 (x_0, y_0) 點的切線方程式。

解 對 x 求微分得 $2yy'=4p$（連鎖規則）

$\therefore y'=\dfrac{2p}{y}$

因此通過 (x_0, y_0) 點的切線斜率為 $\dfrac{2p}{y_0}$，於是切線方程式為

$\dfrac{y-y_0}{x-x_0}=\dfrac{2p}{y_0}$ ■

例 4 有一直徑為 5 公分，長為 10 公分之圓金屬棒，以每分鐘 1 公分的速率延伸。試求 10 分鐘後，直徑之減少速度；但棒為均勻延伸且體積不變。

解 設直徑在 t（分鐘）時刻為 $r(t)$，此時長度為 $(10+t)$。由體積之不變性知

$\pi\cdot(\dfrac{r(t)}{2})^2(10+t)=\pi\cdot(\dfrac{5}{2})^2\times 10$

即 $(r(t))^2(10+t)=250$

對 t 微分（利用連鎖規則）

$2r(t)r'(t)(10+t)+(r(t))^2=0$

於是 $r'(t)=\dfrac{-r(t)}{2(10+t)}$

又當 $t=10$ 時，$r(10)=\sqrt{\dfrac{25}{2}}$

故 $r'(10)=\dfrac{-\sqrt{\dfrac{25}{2}}}{40}=-\dfrac{1}{8\sqrt{2}}\doteqdot -0.088$

負號表示 $r(t)$ 遞減。因此 10 分鐘後，直徑每分鐘之減少速率為 0.088 公分。 ■

例 5 求過曲線 $x^3-3xy^2+y^3=0$ 上一點 $(2,-1)$ 之切線斜率。

解 方程式兩邊對 x 作微分，得到

$$3x^2-3x(2y\frac{dy}{dx})-3y^2+3y^2\frac{dy}{dx}=0$$

$$3x^2-6xy\frac{dy}{dx}-3y^2+3y^2\frac{dy}{dx}=0$$

以 $x=2,\ y=-1$ 代入，得到

$$12+12\frac{dy}{dx}-3+3\frac{dy}{dx}=0$$

$$15\frac{dy}{dx}=-9$$

$$\frac{dy}{dx}=-\frac{3}{5}$$

故過 $(2,-1)$ 點的切線之斜率為 $-\frac{3}{5}$。 ■

丙、參變數函數的微分公式

在解析幾何或物理學中，我們要描述一個質點在平面上或空間中運動的軌跡，或一條曲線。一個方便的辦法是利用參變數函數：

$$\begin{cases} x=f(t) \\ y=g(t) \end{cases} \tag{5}$$

或者

$$\begin{cases} x=f(t) \\ y=g(t) \\ z=h(t) \end{cases} \tag{6}$$

其中 $(f(t),\ g(t))$ 代表 t 時刻質點在平面上的位置，而 $(f(t),\ g(t),\ h(t))$ 代表 t 時刻質點在空間的位置。t 叫做**參數**。

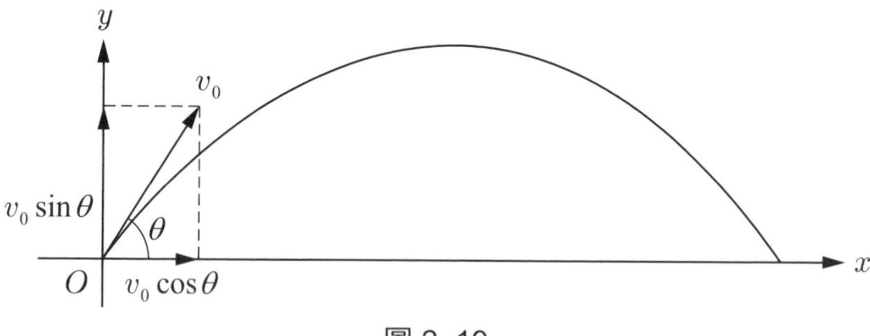

圖 2–19

例如，以初速度 v_0，仰角為 θ，投擲一石頭，由物理學知其運動軌跡可以表成

$$\begin{cases} x = (v_0 \cos\theta)t \\ y = (v_0 \sin\theta)t - \dfrac{1}{2}gt^2 \end{cases} \tag{7}$$

又如等角速度 ω 之圓周運動，可用

$$\begin{cases} x = a\cos(\omega t) \\ y = a\sin(\omega t) \end{cases} \tag{8}$$

來描寫，其中 a 表圓之半徑。

對於(5)式，我們要問：如何求 $\dfrac{dy}{dx}$？

在下圖中，考慮 $\Delta t > 0$ 且令

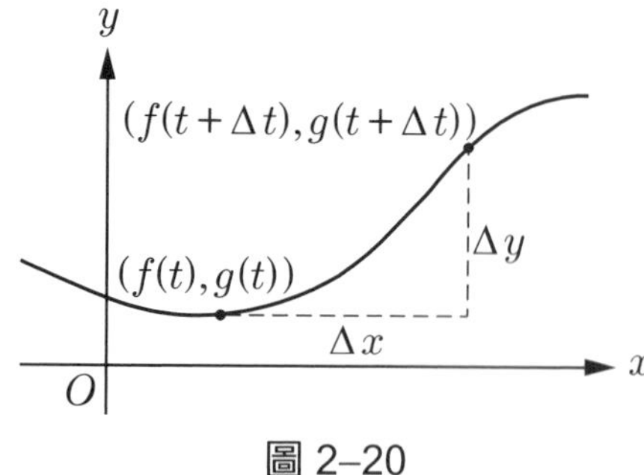

圖 2–20

$$\Delta y = g(t+\Delta t) - g(t),\ \Delta x = f(t+\Delta t) - f(t)$$

今由定義

$$\frac{dy}{dx} = \lim_{\Delta x \to 0} \frac{\Delta y}{\Delta x}$$

且當 $\Delta t \to 0$ 時，$\Delta x \to 0$，於是可以寫成

$$\frac{dy}{dx} = \lim_{\Delta t \to 0} \frac{g(t+\Delta t) - g(t)}{f(t+\Delta t) - f(t)}$$

將分子與分母同除以 Δt，得到

$$\frac{dy}{dx} = \lim_{\Delta t \to 0} \frac{\dfrac{g(t+\Delta t) - g(t)}{\Delta t}}{\dfrac{f(t+\Delta t) - f(t)}{\Delta t}}$$

$$= \frac{g'(t)}{f'(t)} = \frac{\dfrac{dy}{dt}}{\dfrac{dx}{dt}}，\text{當 } \frac{dx}{dt} \neq 0 \text{ 時。}$$

我們把它歸結成:

定　理 2

（參變數函數的微分公式）

若 $x = f(t),\ y = g(t)$，且 $\dfrac{dx}{dt} \neq 0$，則

$$\frac{dy}{dx} = \frac{\dfrac{dy}{dt}}{\dfrac{dx}{dt}}$$

例 6 設 $x=(v_0\cos\theta)t,\ y=(v_0\sin\theta)t-\frac{1}{2}gt^2$，求 $\frac{dy}{dx}$。

解 $\frac{dy}{dx}=(\frac{dy}{dt})\Big/(\frac{dx}{dt})$

$$=\frac{v_0\sin\theta-gt}{v_0\cos\theta}$$

隨堂練習 在下列參數方程式中，求 $\frac{dy}{dx}$:

$x=2t+3,\ y=t^2$

習 題 2–5

1. 在給定 t 值，求 $\frac{dy}{dx}$:

(1) $x=2t,\ y=3t-1,\ t=3$

(2) $x=\sqrt{t},\ y=t^2+3t,\ t=1$

(3) $x=t^2+3t,\ y=t+1,\ t=0$

(4) $x=\sqrt{t},\ y=\sqrt{t-1},\ t=2$

2. 在下列各方程式，求 $\frac{dy}{dx}$:

(1) $y^2=4px\ (p>0)$

(2) $x^2+xy+y^2=1$

(3) $\sqrt{x}+\sqrt{y}=\sqrt{a}\ (a>0)$

(4) $x^{\frac{2}{3}}+y^{\frac{2}{3}}=a^{\frac{2}{3}}\ (a>0)$

(5) $x^3+y^3=3axy$

(6) $x^5+5x^4y+5xy^4+y^5=a^5$

(7) $x+2\sqrt{xy}+y=a$

(8) $x^2+a\sqrt{xy}+y^2=b^2$

3.試求 $\dfrac{dy}{dx}$（t 參數，$a>0$）：

(1) $x=\dfrac{3at}{1+t^3},\ y=\dfrac{3at^2}{1+t^3}$

(2) $x=a\sqrt{t},\ y=\dfrac{a}{4}(t^2-4)$

4.試求下列各曲線在已知點的切線斜率：

(1) $x^2+xy+2y^2=28,\ (2,\ 3)$

(2) $x^3-3xy^2+y^3=1,\ (2,\ -1)$

(3) $\sqrt{2x}+\sqrt{3y}=5,\ (2,\ 3)$

(4) $x^3-axy+3ay^2=3a^3,\ (a,\ a)$

(5) $x^2-2\sqrt{xy}-y^2=52,\ (8,\ 2)$

(6) $x^2-x\sqrt{xy}-2y^2=6,\ (4,\ 1)$

第三章　導數的應用

導數 $\frac{dy}{dx}$ 衡量一個函數 $y=f(x)$ 在局部上兩個變數的變化率或代表切線斜率。因此，導數的正、負或等於 0，可用來反應函數圖形的昇、降或極值。

進一步，二階導數可反應函數圖形的凹、凸情形與反曲點。

總合起來，我們就可以相當準確地作出函數圖形。

3–1　均值定理

考試過後，某班的數學成績平均是 65 分，由此我們可以斷定：不可能每位同學的分數都低於 65 分，也不可能都高於 65 分，而是在 65 分上、下分佈（每個人都考 65 分是極端特例）。但是，我們無法斷言：必有某位同學的分數正好是 65 分，因為分數是離散的。

類推到連續變動的函數，情況就改觀了。讓我們考慮一部車子在一直線上的運動。

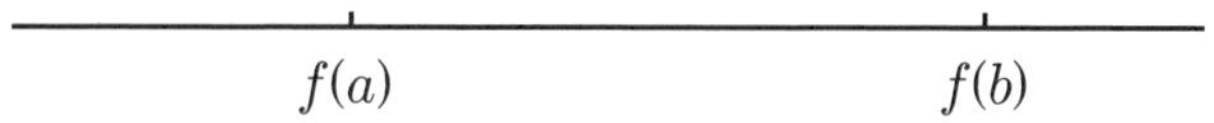

$f(a)$　　　　　　　　$f(b)$

圖 3–1

假設在 $t=a$ 時刻，車子的位置為 $f(a)$，當車子開了一段時間後，在 $t=b$ 時刻 $(b>a)$，車子的位置為 $f(b)$，則在時間區間 $[a, b]$ 內，車子的平均速度為

$$\frac{f(b)-f(a)}{b-a} \qquad \text{(位移 ÷ 時間)}$$

我們已說過，位移函數 $f(t)$ 的導函數 $f'(t)$ 表示車子在 t 時刻的（瞬間）速度。直觀看來，在 $[a, b]$ 之間車子時快時慢，但必定有某一時刻 ξ 的速度 $f'(\xi)$ 等於上述的平均速度，即

$$f'(\xi)=\frac{f(b)-f(a)}{b-a} \tag{1}$$

這個公式就是**均值定理** (The Mean Value Theorem) 的內容。

利用幾何圖形來說明更清楚:

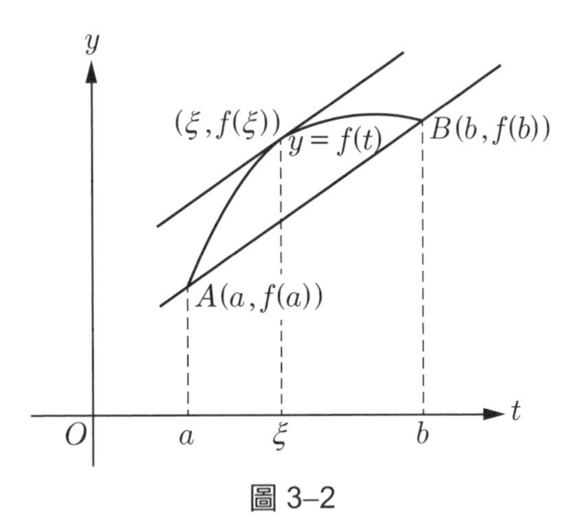

圖 3–2

上圖裡，通過 A, B 兩點割線的斜率為 $\dfrac{f(b)-f(a)}{b-a}$，因此均值定理告訴我們：存在 $\xi\in(a,\ b)$，使得通過點 $(\xi, f(\xi))$ 的切線平行於割線 AB，即(1)式成立。由圖看起來，這是很顯然的。

再舉個例子，假如我們去爬山，有時昇高，有時下降，見下圖:

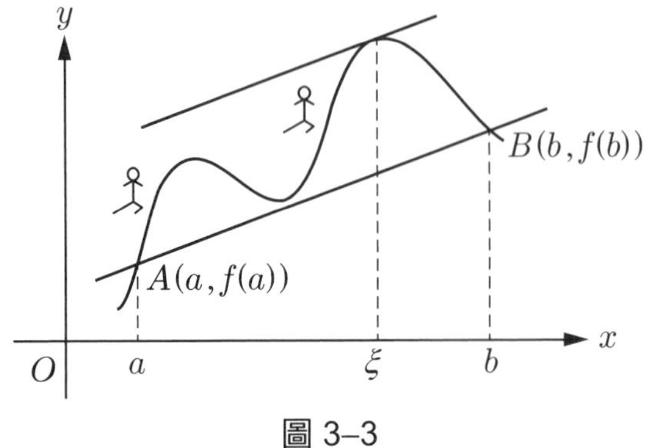

圖 3–3

從 A 點走到 B 點，平均坡度就是 AB 的斜率，那麼一定有某一個地方的坡度等於平均坡度。用式子寫出來就是(1)式。

說得更明確一點，所謂均值定理如下：

定　理 1

（均值定理，又叫微分的均值定理）

設 f 在 $[a, b]$ 上可微分，則至少存在一點 $\xi \in (a, b)$ 使得

$$f'(\xi)=\frac{f(b)-f(a)}{b-a} \tag{2}$$

或寫成

$$f(b)=f(a)+f'(\xi)(b-a) \tag{3}$$

在均值定理中，倘若 $f(a)=f(b)$，那麼就叫做 Rolle 定理，這是均值定理的特殊情形。

定　理 2

（Rolle 定理）

設 f 在 $[a, b]$ 上可微分，並且 $f(a)=f(b)$，那麼至少存在一點 $\xi \in (a, b)$ 使得 $f'(\xi)=\dfrac{f(b)-f(a)}{b-a}=0$。見下圖。

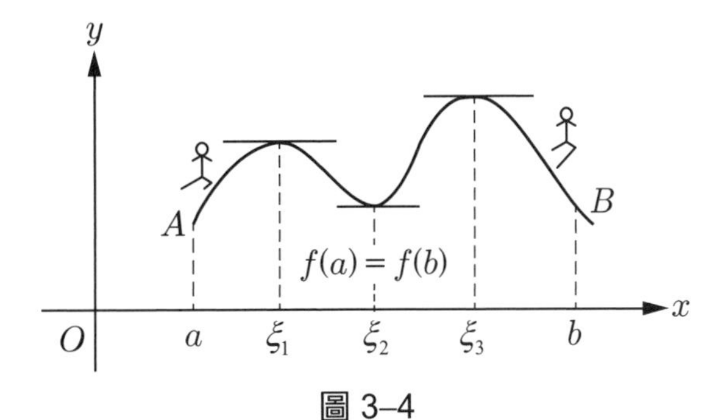

圖 3–4

（註：Rolle 定理的意思很明白：你爬山，從 A 點走到 B 點，如果 A, B 兩點一樣高，這表示平均起來你並沒有昇降（當然中間過程有昇降），那麼天經地義地中間必有某一個地方是水平的，即坡度為 0。）

顯然，當均值定理成立時，Rolle 定理也一定成立，因為後者只是前者的特例。反過來，特例對的，一般而言通例不見得對。但是此地，Rolle 定理可用來證明均值定理。我們要注意，這是極有方法論意味的論證。怎麼說呢?

在數學的思考過程中，往往是先由特例開始想起，分析哪些是可以馬上解決或部分解決的，然後再推廣到通例的情形。或是一個通例到手，想辦法把它化約 (reduction) 成容易解決的特例，如此本末先後才能看清，而來個「通吃」。

＊（Rolle 定理的證明）

f 在 $[a, b]$ 上可微分 $\Rightarrow f$ 在 $[a, b]$ 上連續 $\Rightarrow f$ 在 $[a, b]$ 上至少有一最高點與最低點。當最高點與最低點的值跟端點值 $f(a)\ (=f(b))$ 一致時，則 f 為常函數，沒有什麼好證的。因此可設最高點的值與最低點的值，至少有一個不是 $f(a)\ (=f(b))$，記之為 $f(\xi)$。注意，此時 ξ 不能為端點，亦即 $a<\xi<b$，立即看出 $f'(\xi)=0$，為什麼呢? 如果 $f(\xi)$ 是最大值，那麼 $f(x)\le f(\xi),\ \forall x\in[a, b]$，於是有

$$\begin{cases}\dfrac{f(x)-f(\xi)}{x-\xi}\le 0, & \text{當 } \xi<x<b \text{ 時}\\[2ex] \dfrac{f(x)-f(\xi)}{x-\xi}\ge 0, & \text{當 } a<x<\xi \text{ 時}\end{cases}$$

令 $x\to\xi$，則前式給出 $f'(\xi)\le 0$，後式給出 $f'(\xi)\ge 0$。因此 $f'(\xi)=0$。同理可證，當 $f(\xi)$ 是最小值的情形，亦有 $f'(\xi)=0$。 ■

我們用下面的例子來說明 Rolle 定理。

例 1　設 $f(x)=x^4-2x^2+1$。顯然 $f(-2)=f(2)$（偶函數也），並且 f 為可微分，故存在 $\xi\in(-2,2)$ 使得 $f'(\xi)=0$，今因 $f'(x)=4x^3-4x$，令 $4\xi^3-4\xi=0$ 解得 $\xi=0$ 或 $\xi=\pm1$，這些點都落在 $(-2,2)$ 之中。本例是很容易求得 ξ 的情形，當然也有不易求得 ξ 的例子。 ■

例 2　考慮一個質點在一直線上運動，t 時刻的位置為 $f(t)$，假設 f 為一個可微分函數。若質點曾在不同的兩個時刻 $t=a$ 與 $t=b$ 處在同一位置，即 $f(a)=f(b)$，則由 Rolle 定理知，存在時刻 $t=c$，$a<c<b$，使得 $f'(c)=0$，即 $t=c$ 時刻的速度為 0（垂直向上拋石的運動就是這種例子）。 ■

現在可以利用 Rolle 定理來證明均值定理了。先注意到，我們只要將圖 3–3 稍作移動就可以把 A, B 兩點「擺平」（當然不純粹是平移），這就可用 Rolle 定理來處理了。見下圖：

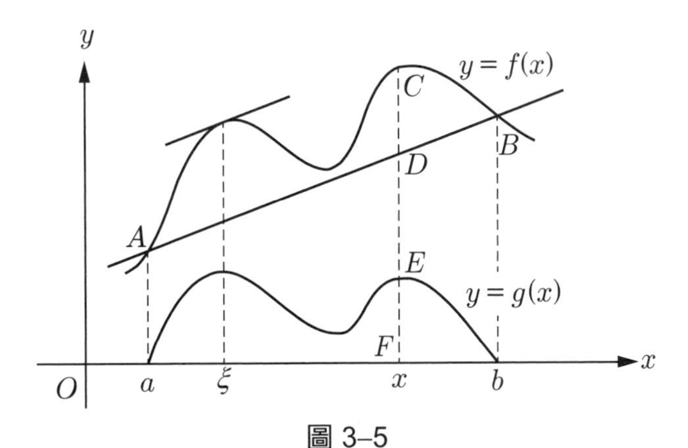

圖 3–5

＊（均值定理的證明）

在圖 3–5 中，對任意 $x\in[a, b]$ 取 $\overline{EF}=\overline{CD}=\overline{CF}-\overline{DF}$，其中 $\overline{CF}$ 是 f 在 x 點的值 $f(x)$，而 $\overline{DF}$ 是割線 AB 在 x 點的高度，如此就把原函數圖形擺平了！掌握住了這個想法，則以下的論證就易如反掌。

今令 $\lambda=\dfrac{f(b)-f(a)}{b-a}$，則割線 AB 的方程式為 $y=f(b)+\lambda(x-b)$，定義新函數 $g(x)=f(x)-[f(b)+\lambda(x-b)]$。顯然 $g(a)=g(b)\ (\equiv 0)$，並且 g 可導。於是 Rolle 定理的條件均滿足，故存在 $\xi\in(a, b)$ 使得 $g'(\xi)=0$，用 f 表現就是 $f'(\xi)=\dfrac{f(b)-f(a)}{b-a}$，證畢。 ■

例 3 考慮函數 $f(x)=x^3-x,\ a=0,\ b=2$。因為 f 為多項函數，所以是一個可微分函數。由均值定理知，存在一個數 $\xi\in(0, 2)$ 使得

$$f(2)-f(0)=f'(\xi)(2-0)$$

今 $f(2)=6, f(0)=0$，且 $f'(x)=3x^2-1$，於是上式變成

$$6=(3\xi^2-1)\cdot 2=6\xi^2-2$$

解 ξ 得到 $\xi=\pm\dfrac{2}{\sqrt{3}}$。因為 $\xi\in(0, 2)$，故只有 $\xi=\dfrac{2}{\sqrt{3}}$ 才是答案。

■

隨堂練習 假設臺北到高雄相距 300 公里，火車從臺北開到高雄共用去 6 小時，故平均速度為 50 公里/時，則你是否可以肯定火車曾在某一時刻的瞬間速度為 50 公里/時？

再看一個有趣的應用。交通警察抓某司機超速。假定道高一尺，魔高一丈，警察沒有儀器，而司機有，車子是全電腦自動記錄，而且畫成圖解：

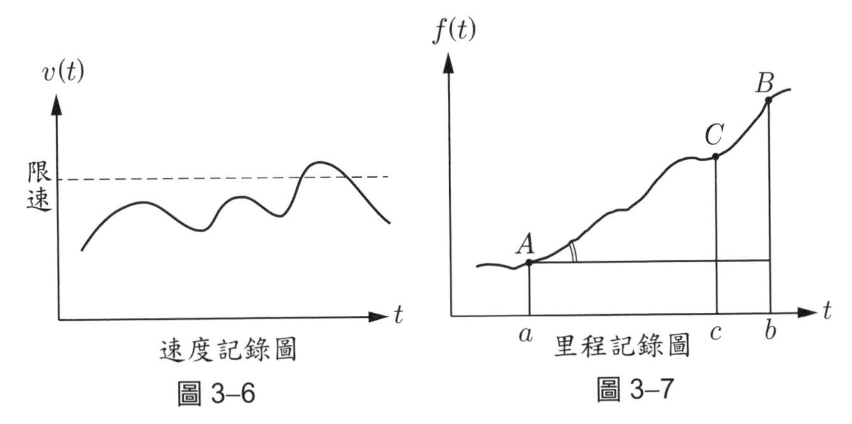

圖 3–6　　　　圖 3–7

「糟了」，司機馬上洗掉速度記錄圖，只留下里程記錄圖。司機狡辯說:「你看，我從早上 a 時刻到現在 b 時刻，共走了 $b-a$ 時間，$f(b)-f(a)$ 的路程，平均速度

$$\frac{f(b)-f(a)}{b-a} < \text{限速}$$

(平均速度是圖中 $A(a, f(a))$ 與 $B(b, f(b))$ 割連線之斜率！參見圖 3–7)

但是，警察唸過微積分，知道均值定理，他說:「你看，里程曲線上這一點 C 與 B 連線的斜率太大了，算一下平均速度

$$v = \frac{f(b)-f(c)}{b-c} > \text{限速}$$

所以你在這段時間內必定在某一瞬間（或許有很多瞬間）超速!」

司機耍賴說:「你能夠證明我在某一瞬間有速度 v?」

警察說:「哈哈！當然！均值定理告訴我們，在這段時間內的某一瞬間，其速度等於這段時間內的平均速度!」

習 題 3–1

1. 在均值定理中，f 為可微分的條件，可否改成連續？試舉反例。
2. 下列函數，在指定的區間上，是否可以使用均值定理？若不可以的話，請說出理由。若可以的話，求滿足 $f(b)-f(a)=f'(\xi)(b-a)$ 之 ξ：
   (1) $f(x)=x^2+3x+2,\ [-1,\ 0]$
   (2) $f(x)=\sqrt{x},\ [0,\ 1]$
   (3) $f(x)=\dfrac{x}{x-1},\ [0,\ 2]$
   (4) $f(x)=x+\sqrt[3]{x},\ [-1,\ 1]$
   (5) $f(x)=\dfrac{1}{x},\ [1,\ 2]$
3. 設 $f(x)=\dfrac{1}{(x-1)^2}$，試證 $f(0)=f(2)$ 並且不存在 $\xi\in(0,\ 2)$ 使得 $f'(\xi)=0$。這有無跟 Rolle 定理矛盾？

3–2　極值問題

整個應用數學的一大主題，就是求極大值與極小值的問題。一個人開工廠，當然希望錢賺得越多越好。表面上看起來應該是工資越低而產品價格越高越好。但這樣做是行不通的，因為工資低，工人可以怠工，而價格高，產品會賣不出去。因此就產生如下的問題：如何在可能的狀況中，使工資與價格恰到好處，而賺錢最多？這就是數學上所謂的最適化問題。線性規畫與極值問題都是最適化問題的例子（參見首冊第二章及第三章）。

我們在首冊第二章談過二次函數的極值問題，不過那時是採用「配方法」。然而配方法的威力有限，對於不是二次函數的情形，幾乎就束手無策。微分法就可以突破這個困境，因此微分法是一大進步。本節我們就來談如何利用微分法來求出函數的極值。

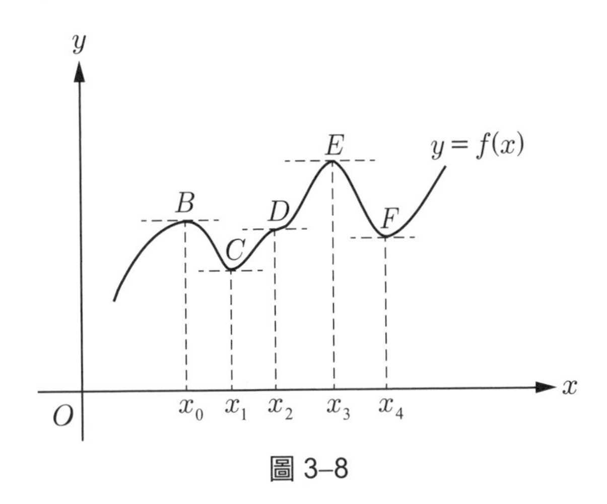

圖 3–8

先介紹一些常見的名詞。假設 f 的圖形如圖 3–8：我們有興趣的是，函數在 x_0, x_1, x_2, x_3, x_4 這幾點上所取的值。首先注意到 B, E 兩點叫做**峰點**，C, F 兩點叫做**谷點**，過這些點的切線，其斜率為 0；但切線斜率等於 0 的點，可以既不是峰點也不是谷點，例如 D 點。

峰點，例如 B 點，具有這樣的性質：在 x_0 點的附近，函數值以 $f(x_0)$ 為最大，如此的 x_0 叫做（**局部**）**極大點**，而 $f(x_0)$ 叫做（**局部**）**極大值**。

同理我們可定義極小點及極小值。谷點，例如 C 點，具有這樣的性質：在 x_1 點的附近，函數值以 $f(x_1)$ 為最小，如此的 x_1 叫做（**局部**）**極小點**，而 $f(x_1)$ 叫做（**局部**）**極小值**。

極大點與極小點合稱為**極點**，而極大值與極小值合稱為**極值**。

另外，由圖 3–8 我們也看出，若 f 可微分，則通過谷點及峰點的切線必定是水平線，即斜率為 0。因此可微分函數 f 的極點，若不為端點，

必定是滿足 $f'=0$ 的點。不過，導數等於 0，只是極點的必要條件，而不充分，比如 D 點就是一個例子。我們稱滿足 $f'=0$ 的點為**靜止點**(stationary points)。

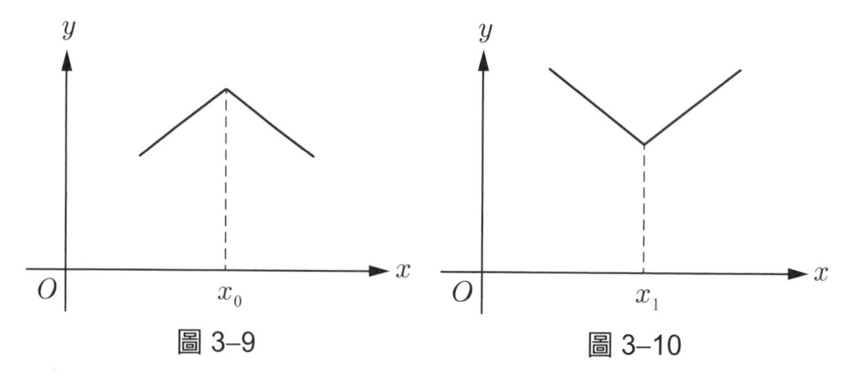

圖 3–9　　圖 3–10

除了靜止點及端點可能是極點之外，還有導數不存在的點亦可能是極點，見圖 3–9 及 3–10。其中 x_0, x_1 都是極點，但導數不存在。

總之，極點的候選人如下：**端點**、**靜止點**及**導數不存在的點**。於是問題變成：如何分辨出極大點與極小點？也就是說，如何求出極點及極值？

既然極點的候選人只有靜止點及導數不存在的點，要找出這些點就很容易了，只要利用微分工具就可以找出。

例 1　找出函數 $f(x)=\sqrt[3]{x}(x-7)^2$ 的所有極點候選人。

解　這個函數定義在整個實數 $\mathbb{R}$ 上，今求其導函數

$$f'(x)=\frac{1}{3}x^{-\frac{2}{3}}(x-7)^2+2\cdot x^{\frac{1}{3}}(x-7)$$
$$=\frac{7(x-7)(x-1)}{3x^{\frac{2}{3}}}$$

求解 $f'(x)=0$ 得靜止點為 7 及 1，而導數不存在的點為 0。因此 0, 1, 7 為所有極點的候選人。 ■

例 2　設 $f(x)=x^3$，則 $f'(x)=3x^2$。令 $f'(x)=3x^2=0$，得 $x=0$，故 $x=0$ 為靜止點，但是卻不是極值點。參見圖 3–11。

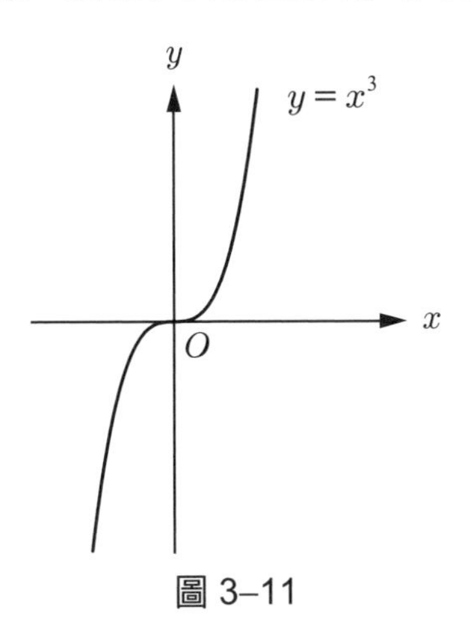

圖 3–11

■

當我們求得靜止點及導數不存在的點之後，為了進一步判斷到底是極大點或極小點或根本就不是極值點，我們需要對函數的遞增、遞減行為有所掌握。

定　義

⑴如果函數 f 在區間 I 上滿足：對任意 $x_1, x_2\in I$，當 $x_1<x_2$ 時，恆有 $f(x_1)<f(x_2)$，則稱 f 在 I 上是（嚴格）**遞增**的。

⑵如果函數 f 在區間 I 上滿足：對任意 $x_1, x_2\in I$，當 $x_1<x_2$ 時，恆有 $f(x_1)>f(x_2)$，則稱 f 在 I 上是（嚴格）**遞減**的。

例 3　在圖 3–12 中，

（甲）函數 $f(x)=x^2$ 在 $(-\infty, 0]$ 上是遞減的，在 $[0, \infty)$ 上是遞增的。

（乙）函數

$$f(x)=\begin{cases}1，當\ x<0\\ x，當\ x\geq 0\end{cases}$$

在 $(-\infty, 0)$ 上為常數，在 $[0, \infty)$ 上是遞增的。

（丙）函數 $f(x)=\sqrt{1-x^2}$ 在 $[-1, 0]$ 上是遞增的，在 $[0, 1]$ 上是遞減的。

（丁）函數 $f(x)=\dfrac{1}{x}$ 在 $(-\infty, 0)$ 上及 $(0, \infty)$ 上都是遞減的。

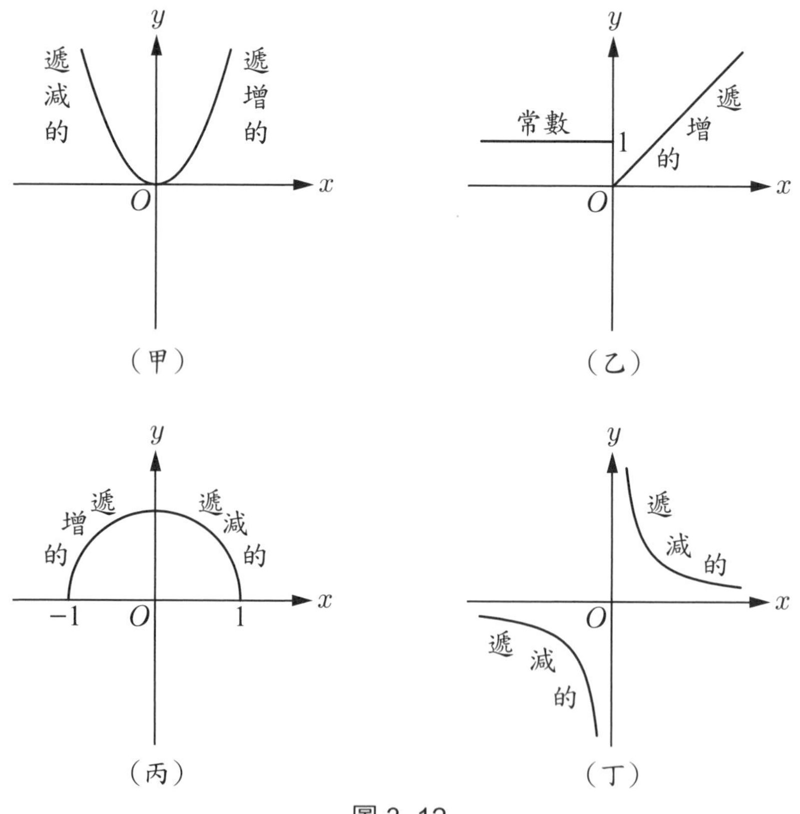

圖 3–12

定 理 1

設 f 在區間 I 上可微分

(1)如果 $f'(x)>0,\ \forall x\in I$，則 f 在 I 上是遞增的。

(2)如果 $f'(x)<0,\ \forall x\in I$，則 f 在 I 上是遞減的。

證明 設 $x_1, x_2\in I$ 且 $x_1<x_2$，由均值定理知

$$f(x_2)-f(x_1)=f'(\xi)(x_2-x_1) \tag{1}$$

其中 ξ 介乎 x_1 與 x_2 之間

(1)今若 $f'(x)>0,\ \forall x\in I$，則由(1)式知 $f(x_2)-f(x_1)$ 與 x_2-x_1 同號，故若 $x_1<x_2$，則 $f(x_1)<f(x_2)$，因此 f 在 I 上是遞增的。

(2)若 $f'(x)<0,\ \forall x\in I$，則由(1)式知 $f(x_2)-f(x_1)$ 與 x_2-x_1 異號，故若 $x_1<x_2$，則 $f(x_1)>f(x_2)$，因此 f 在 I 上是遞減的。

■

例 4 試求函數 $f(x)=x^3-\dfrac{3}{2}x^2$ 的遞增與遞減區間。

解 因為 $f'(x)=3x^2-3x=3x(x-1)$

所以 f 的靜止點為 $f'(x)=0$ 之點，即 $x=0$ 與 $x=1$，今考察 f' 的正負號，列成下表

x		0		1	
$f'(x)$	+	0	−	0	+
$f(x)$	↗		↘		↗

故 f 在 $(-\infty, 0)$ 上及 $(1, \infty)$ 上是遞增的，在 $(0, 1)$ 上是遞減的。

參見圖 3–13：

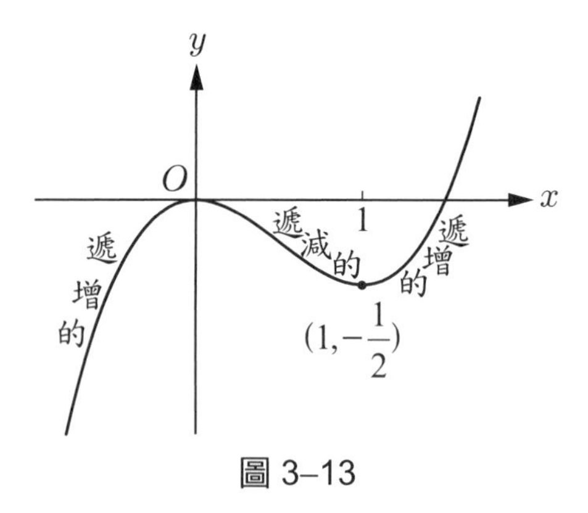

圖 3–13

假設現在我們已找出 f 的靜止點 x_0 (即 $f'(x_0)=0$)，若在 x_0 的左近旁切線斜率小於 0，右近旁切線斜率大於 0，此時顯然 x_0 點為極小點，見圖 3–14。同理在圖 3–15 中，x_0 為極大點。

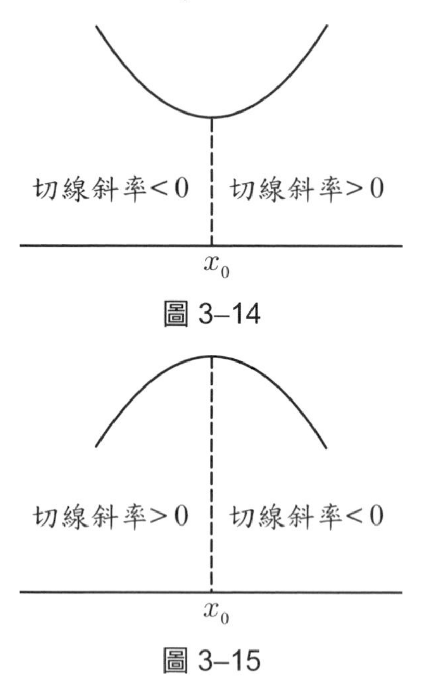

圖 3–14

圖 3–15

換言之，導函數的行為可用來追究函數圖形的形貌，進而判別出極大點或極小點來。於是我們有下面的結果：

定 理2

若 f 在 x_0 的附近可微分，且 $f'(x_0)=0$，而且在這附近的範圍內

(1)當 $x>x_0$ 時，有 $f'(x)>0$；而當 $x<x_0$ 時，有 $f'(x)<0$，則 x_0 為 f 的極小點，$f(x_0)$ 為極小值。

(2)當 $x>x_0$ 時，有 $f'(x)<0$；而當 $x<x_0$ 時，有 $f'(x)>0$，則 x_0 為 f 的極大點，$f(x_0)$ 為極大值。

例 5 求 $f(x)=x^2-2x+2$ 之極值。

解 (配方法)

$$f(x)=x^2-2x+2=(x^2-2x+1)+1$$
$$=(x-1)^2+1$$

因為 $(x-1)^2$ 恆大於等於 0，只有當 $x=1$ 時，其值最小為 1，故 $x=1$ 為極小點，$f(1)=1$ 為極小值。

另解 (微分法)

令 $f'(x)=2x-2=0$，則得 $x=1$，容易看出這是極小點，故 $f(1)=1^2-2\times1+2=1$ 為極小值。參見圖 3–16。

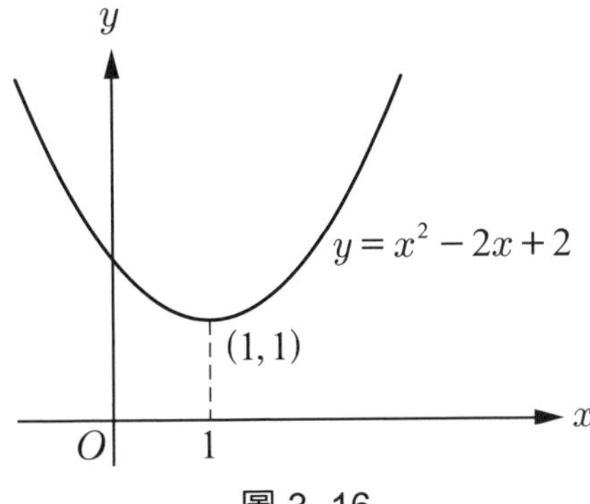

圖 3–16

■

對於上面兩種解法，也許你會說：效率差不多。不過你要知道這是二次函數的情形。對於較高次的函數（或任何其他函數），微分法均可適用，而且依然很簡便，可是配方法就失效了。

例 6 討論 $f(x)=(x-1)\sqrt[3]{x^2}$ 的極值。

解 這個函數定義域為 $(-\infty, \infty)$。今考慮導數為 0 及不存在的點。對 f 求微分得

$$f'(x)=x^{\frac{2}{3}}+\frac{2}{3}(x-1)x^{-\frac{1}{3}}=\frac{5x-2}{3\sqrt[3]{x}}$$

從而，當 $x=\frac{2}{5}$ 時，$f'=0$；當 $x=0$ 時，f' 不存在。因此極點只可能發生在 $x=0$ 或 $\frac{2}{5}$ 這兩點。今利用 f' 的正負，判斷 f 的昇降行為，列表如下：

x	$(-\infty, 0)$	0	$(0, \frac{2}{5})$	$\frac{2}{5}$	$(\frac{2}{5}, \infty)$
f'	+	不存在	−	0	+
f	↗	極大值 0	↘	極小值 $-\frac{3}{5}\sqrt[3]{\frac{4}{25}}$	↗

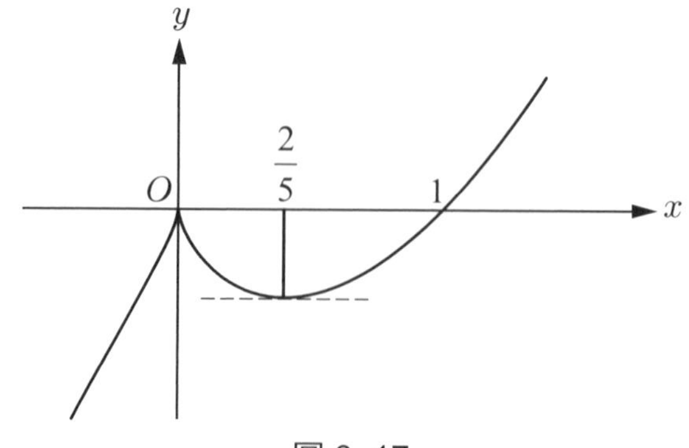

圖 3–17

例 7　求 $f(x)=x^3-9x^2+24x$ 的極值。

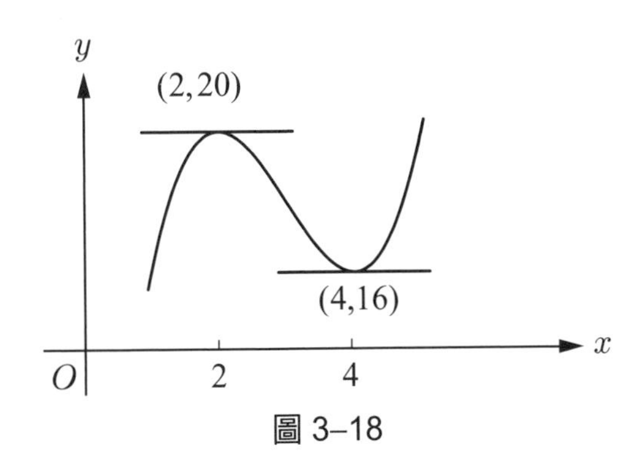

圖 3–18

解　令 $f'(x)=3x^2-18x+24=0$

$$\Rightarrow x^2-6x+8=0$$

$$\Rightarrow (x-2)(x-4)=0$$

$$\Rightarrow x=2 \text{ 或 } x=4$$

容易驗證

$x=2$ 為極大點，$f(2)=20$ 為極大值；

$x=4$ 為極小點，$f(4)=16$ 為極小值。(見圖 3–18)　■

例 8　求 $f(x)=x^3-2x^2-4x+2$ 的極值。

解　因為 $f'(x)=3x^2-4x-4=(3x+2)(x-2)$，

令 $f'(x)=0$ 解得 $x=2$ 或 $x=-\frac{2}{3}$，這兩點是極點的候選人。

容易驗證 $x=2$ 為極小點，極小值為 $f(2)=-6$。

我們使用定理 2 來判斷 $x=-\frac{2}{3}$ 點的情形，顯然當 x 在 $-\frac{2}{3}$ 點的左近旁時，有 $f'(x)>0$，在右近旁時，有 $f'(x)<0$，

故 $x=-\frac{2}{3}$ 點為極大點，極大值為 $f(-\frac{2}{3})=\frac{94}{27}$。

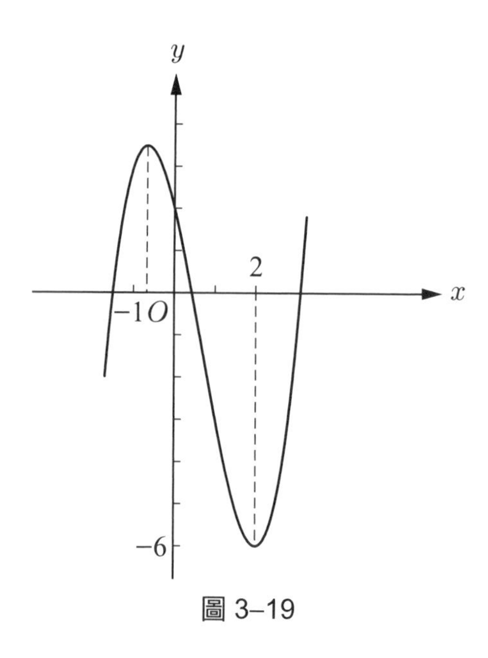

圖 3–19

隨堂練習 求下列函數的極值:

(1) $f(x)=2x^3-3x^2-12x+12$

(2) $f(x)=\dfrac{x}{x^2+1}$

習 題 3–2

在下列各函數中，標出遞增與遞減的區間，並且求極值:

1. $f(x)=x^2-2x$
2. $f(x)=2+x-x^2$
3. $f(x)=2x^3-3x^2+1$
4. $f(x)=x^3-3x^2+3x+1$
5. $f(x)=3x^4+4x^3$
6. $f(x)=3x^5-20x^3$
7. $f(x)=x+\dfrac{1}{x}$
8. $f(x)=\dfrac{x}{(x-1)^2}$

求下列各函數的極值:

9. $f(x)=3x^5-5x^3+1$

10. $f(x)=\dfrac{2x}{1+x^2}$

11. $f(x)=x^{\frac{2}{3}}(1-\frac{2}{5}x)$

12. $f(x)=(x^2-1)^{\frac{2}{3}}$

3–3　函數圖形的凹向與反曲點

導函數 $f'(x)$ 會透露出原函數 $f(x)$ 的一些訊息，比如說：在 x 滿足 $f'(x)>0$ 的範圍，f 為遞增，即當 $x_1<x_2$ 時，$f(x_1)<f(x_2)$；而在 $f'(x)<0$ 的範圍，則 f 為遞減，即當 $x_1<x_2$ 時，$f(x_1)>f(x_2)$。換言之，導數的符號可以用來判定函數的昇降變化情形。

在上一節中，我們利用導數工具來求極值問題，這一節我們要更進一步利用它來追究函數圖形的形貌。

但是為了比較準確地描繪出函數的圖形，我們還需要對函數作進一步的討論。例如，利用導數，我們只能判斷 $y=x^2$ 及 $y=x^{\frac{1}{2}}$ 在 $[0, \infty)$ 上都是遞增函數，然而這兩個圖形卻很不相同！（見圖 3–20）

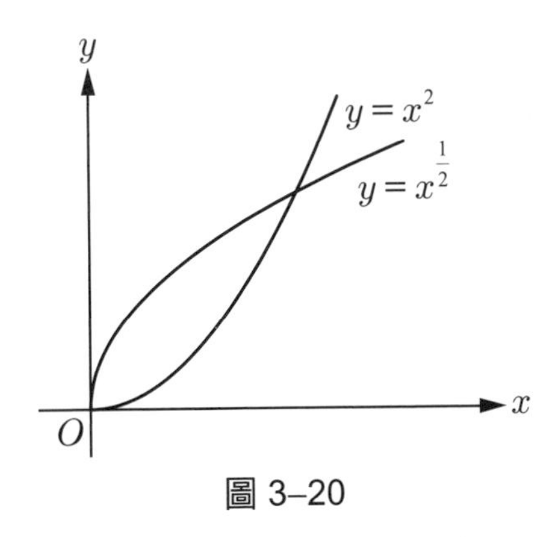

圖 3–20

首先討論函數圖形彎曲的情形。曲線 $y=x^2$ 的圖形，如鍋子的形狀，

我們稱為上凹 (concave upward)；而 $y=x^{\frac{1}{2}}$ 的圖形，如鍋子倒過來的形狀，我們稱為下凹 (concave downward)。

在圖 3–21 中，M_1, M_3, M_5 處為下凹，而 M_2, M_4 處為上凹。顯然，$f(x)$ 與 $-f(x)$ 的上凹與下凹恰好互相對調。

對於上凹及下凹有了上述直觀的了解，下面我們要給出精確的定義。

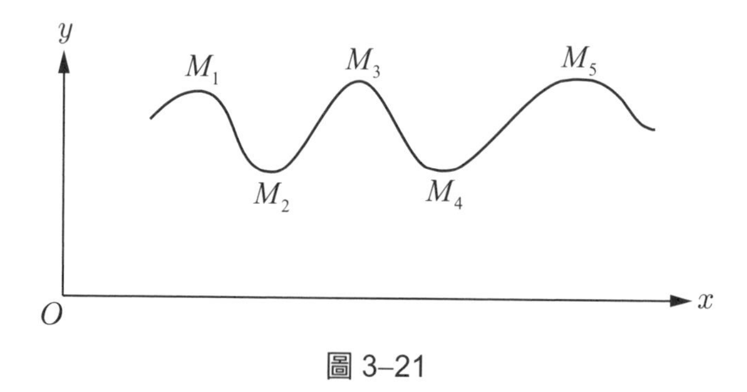

圖 3–21

圖 3–22 中的函數圖形是上凹的，它的切線斜率是遞增的，即

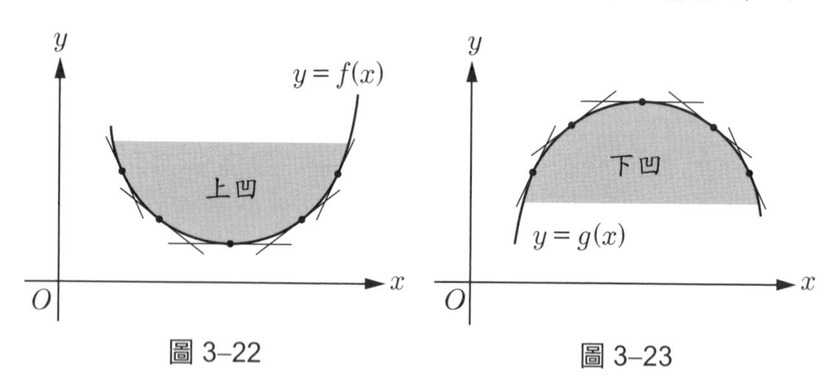

圖 3–22　　圖 3–23

$$x_1 < x_2 \Rightarrow f'(x_1) < f'(x_2)$$

換言之，一階導函數為一個遞增函數。

同理，在圖 3–23 之下凹情形，一階導函數是遞減函數，即

$$x_1 < x_2 \Rightarrow g'(x_1) > g'(x_2)$$

定　義

設 f 在區間 I 上為一個可微分函數

(1)若 f' 在 I 上是遞增的，則稱 f 在 I 上為**上凹**，參見圖 3–22。

(2)若 f' 在 I 上是遞減的，則稱 f 在 I 上為**下凹**，參見圖 3–23。

當函數圖形從上凹變成下凹（或從下凹變成上凹）的交界點，例如圖 3–24 中的 P 點，就叫做**反曲點** (point of inflection)。

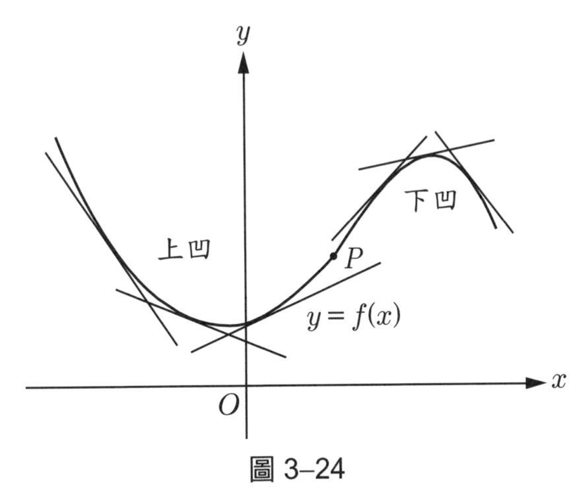

圖 3–24

如何判斷一個函數的上凹、下凹範圍，以及反曲點?

下面就來回答這個問題。

假設 f 為二階可微分函數。根據 3–2 節定理 1 知，若 $f''(x)>0, \forall x \in I$（某區間)，則 f' 在 I 上為一個遞增函數；若 $f''(x)<0, \forall x \in I$，則 f' 在 I 上為一個遞減函數。因此，我們就得到下面的判別上凹與下凹之準則。

定　理

(1)若 $f''(x)>0,\ \forall x\in I$，則 f 在 I 上為上凹。

(2)若 $f''(x)<0,\ \forall x\in I$，則 f 在 I 上為下凹。

例 1　求函數 $f(x)=x^3-3x^2+1$ 的上凹與下凹範圍。

解　先求第一階與第二階微分

$f'(x)=3x^2-6x,\ f''(x)=6x-6$

所以函數在 $6x-6>0$ 的範圍上凹，在 $6x-6<0$ 的範圍下凹。

換言之，f 在 $(1,+\infty)$ 的範圍上凹，在 $(-\infty,1)$ 的範圍下凹。參見圖 3–25。

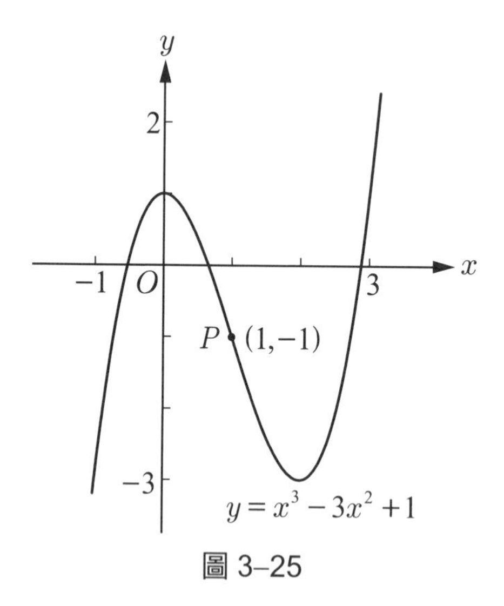

圖 3–25

■

在圖 3–25 中，$P(1,-1)$ 點位於上凹與下凹的交界處，所以 P 點為反曲點，它具有 $f''(1)=0$ 之性質。反過來，不一定成立，即二階導數等於 0 的點，不見得是反曲點，參見下例。

例 2　考慮函數 $f(x)=x^4$，則

$f'(x)=4x^3, f''(x)=12x^2$

因為 f' 在 $(-\infty, \infty)$ 上遞增，故 f 在 $(-\infty, \infty)$ 上為上凹，沒有反曲點，但 $f''(0)=0$，參見圖 3–26。

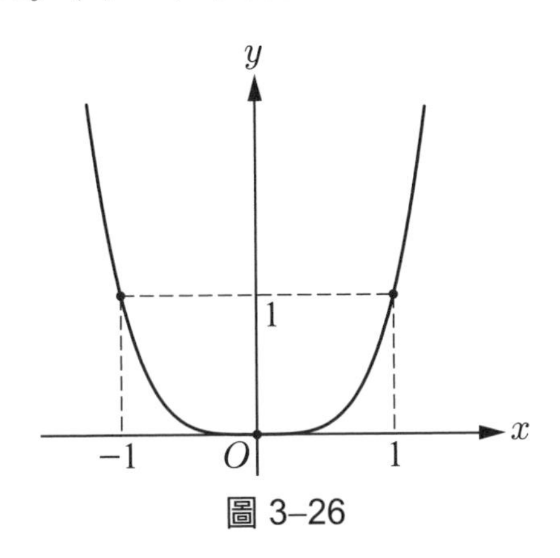

圖 3–26 ■

一般而言，若 f 為二階可微分函數，欲求 f 的反曲點的步驟如下：

1. 先求解方程式 $f''(x)=0$，比如得到一根 x_0；
2. 再判斷 $(x_0, f(x_0))$ 點兩側的上凹、下凹情形。若 $(x_0, f(x_0))$ 是上凹與下凹的交界點，那麼就知道 $(x_0, f(x_0))$ 為反曲點，否則就不是。

例 3　討論 $y=(x-1)\sqrt[3]{x^2}$ 的上下凹性及反曲點。

解　因為 $y'=\dfrac{5}{3}x^{\frac{2}{3}}-\dfrac{2}{3}x^{-\frac{1}{3}}$

且 $y''=\dfrac{10}{9}x^{-\frac{1}{3}}+\dfrac{2}{9}x^{-\frac{4}{3}}=\dfrac{2(5x+1)}{9x^{\frac{4}{3}}}$

於是當 $x=-\dfrac{1}{5}$ 時，$y''=0$。

顯然，當 $x>-\frac{1}{5}$ 時，$y''>0$；而當 $x<-\frac{1}{5}$ 時，$y''<0$。

所以 $x=-\frac{1}{5}$ 為一個反曲點且曲線在 $x=-\frac{1}{5}$ 的左邊為下凹，在右邊為上凹。另外，當 $x=0$ 時 y'' 不存在，

但是當 $-\frac{1}{5}<x<0$ 及 $x>0$ 時，恆有 $y''>0$，故 $x=0$ 點不是反曲點。■

（註：一般而言，$f''(x_0)$ 不存在的 x_0 也可能是反曲點。）

隨堂練習　求函數 $f(x)=x^3-6x^2+9x+1$ 的上凹、下凹範圍，以及反曲點。

習　題　3–3

求下列各函數的上凹、下凹範圍，以及反曲點：

1. $y=(x-a)^3+b$
2. $y=x^3-6x^2$
3. $y=x^3+3x^2+4$
4. $y=2x^3+3x^2-12x$
5. $y=x^4+2x^3+1$
6. $y=x^4-6x^2$
7. $y=x^4-2x^3$
8. $y=3x^5-5x^4$
9. $y=2x^2-\frac{1}{x}$
10. $y=3x^{\frac{1}{3}}+2x$

3–4　函數圖形的描繪

到目前為止大家對一些基本函數的圖形都已經很清楚，在微分法還未出現時，我們只對函數圖形作一些簡單的討論，如對稱性、範圍、截距等，然後找出圖形上某些點，再用描點法就把函數圖形作出來了。這個方法雖然顯得粗糙一點，但也很管用。不過有時也會「差大碼」，因為少數幾點可能決定不出圖形的形貌的。現在我們有了微分的有力工具，可以更精細地來討論函數的變化情形，配合描點法，我們就可以更準確地作出其圖形。

例 1　試討論下列函數圖形之增減及上、下凹性，並描繪其圖：

(1) $y=x^3-x+2$　　　(2) $y=\dfrac{2x}{1+x^2}$

解　(1) $y=x^3-x+2$ 在區間 $-\infty<x<\infty$ 上二階可微分，且 $y'=3x^2-1$, $y''=6x$。故可表列如下：

x	$-\infty$		$-\frac{1}{\sqrt{3}}$		$\frac{1}{\sqrt{3}}$		∞
y'		$+$	0	$-$	0	$+$	
y	$-\infty$	↗	極大	↘	極小	↗	∞

x	$-$	0	$+$
y''	$-$	0	$+$
y	下凹	反曲點	上凹

因此當 $x=-\dfrac{1}{\sqrt{3}}$ 時，取極大值為 $2+\dfrac{2}{3\sqrt{3}}$；

當 $x=\dfrac{1}{\sqrt{3}}$ 時，取極小值為 $2-\dfrac{2}{3\sqrt{3}}$；

而 $x=0$ 為反曲點。

作圖如下：

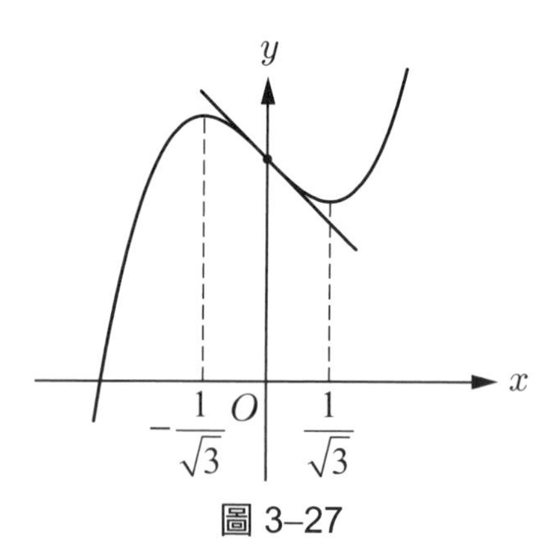

圖 3–27

(2) $y=\dfrac{2x}{1+x^2}$ 於區間 $-\infty<x<\infty$ 上二階可微分，且

$y'=\dfrac{2(1-x^2)}{(1+x^2)^2}$, $y''=-\dfrac{4x(3-x^2)}{(1+x^2)^3}$

於是可表列如下：

x	$-\infty$		-1		1		∞
y'		$-$	0	$+$	0	$-$	
y	0	↘	極小	↗	極大	↘	0

x		$-\sqrt{3}$		0		$\sqrt{3}$	
y''	$-$	0	$+$	0	$-$	0	$+$
y	下凹	反曲點	上凹	反曲點	下凹	反曲點	上凹

因此當 $x=-1$ 時，取極小值 -1；當 $x=1$ 時，取極大值 1；$x=0$, $\sqrt{3}$, $-\sqrt{3}$ 為反曲點。又曲線對稱於原點。作圖如下：

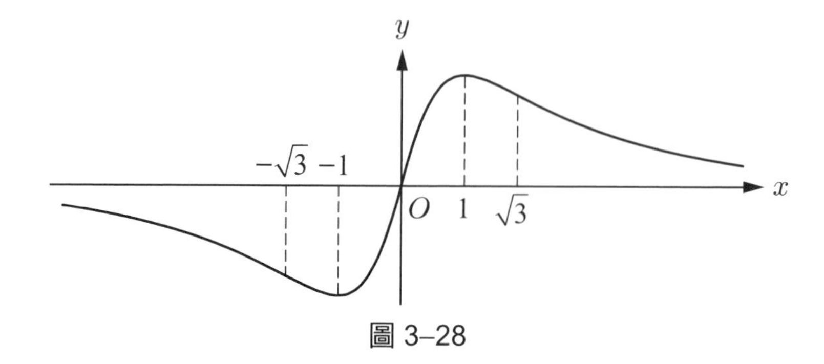

圖 3–28

習　題　3–4

討論下列函數之遞增、遞減、上下凹性、極值、反曲點，並且作圖。

1. $y=x^4-6x^2-8x+7$
2. $y=x^5-x^4-10$
3. $y=\dfrac{x}{x^2-1}$
4. $y=x^2+\dfrac{2}{x}$
5. $y=\dfrac{1}{x^2-1}$
6. $y=\dfrac{x-2}{x}$

3–5　極值的應用問題

本節我們就來談最有實用意味的最大值與最小值問題。極大（小）值是局部的最大（小）值，而最大（小）值是大域的極大（小）值。我們知道，在閉區間 $[a, b]$ 上連續的函數 f，必定有最大值與最小值。但是如何求得它們呢?

（註：此地閉區間的要求不可或缺（見 1–3 節，丁），例如 $f(x)=\dfrac{1}{x}$ 在 $(0, 1)$ 上連續，可是沒有最大值，也沒有最小值。）

顯然最大點與最小點一定是極點，反之不成立。因此我們要找最大值或最小值，只要從極值的候選人中，找出最大的值或最小的值就好了。換言之，就是從端點 a, b，靜止點，以及導數不存在的點中，找出函數值最大的點或最小的點。

（註：這裡又有方法論的意味，我們只要會求最大值，就會求最小值了（反之亦然）。譬如說，我們要求 g 的最小值，令 $f=-g$，再求 f 的最大值，那麼這個最大值的變號就是 g 的最小值。）

假設 M 是 $f(x)$ 在 $[a, b]$ 上的最大值，那麼我們有下面找 M 的流程圖 (flow chart)：

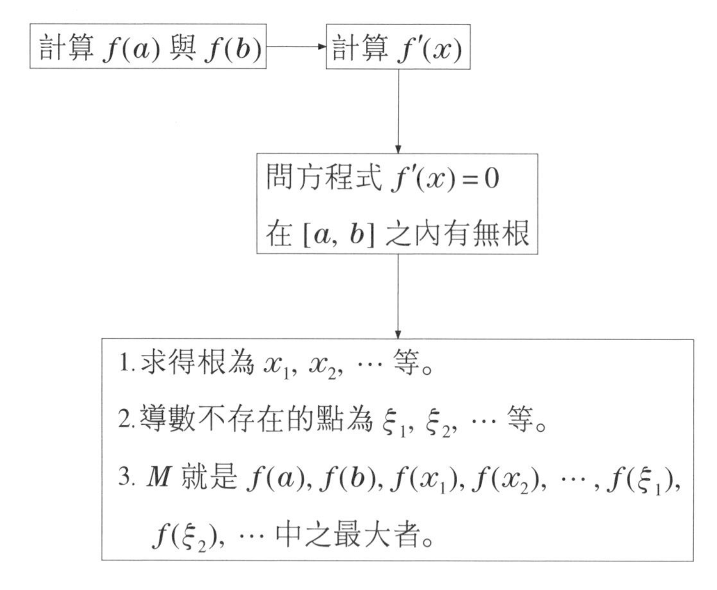

例 1　求函數 $f(x)=\frac{1}{10}(x^6-3x^2)$ 在 $[-2, 2]$ 上的最大值與最小值。

解　因 $f'(x)=\frac{6}{10}x(x^4-1)$，解 $f'(x)=0$ 得 $x=0, 1, -1$。計算 f 在這些點及端點上的值：

x	-2	-1	0	1	2
$f(x)$	5.2	-0.2	0	-0.2	5.2

因此最大值為 5.2，發生在端點 $x=-2$ 及 $x=2$ 上；而最小值為 -0.2，發生在 $x=-1$ 及 $x=1$ 兩點上。

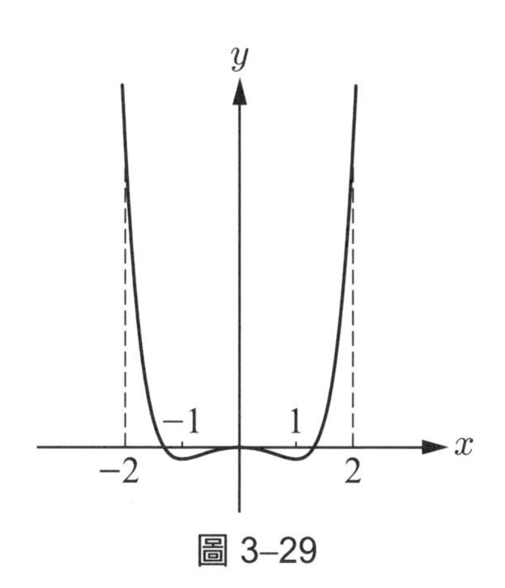

圖 3–29

■

下面我們來舉一些應用的例子，這些問題往往歸結成為求函數的最大值或最小值的問題。解決應用問題的一大關鍵是，想法子把問題翻譯（轉化）成數學語言和符號，這樣才能用數學來處理。下面我們多半只解出答案，而沒有去驗證確實是最大值（或最小值），這留給讀者自己來做。事實上，由物理的直觀，這些是很顯然的。

例 2　假設有一邊長為 a 的正方形鐵皮，欲從其各角截去相同的小方塊，折成無蓋的容器。問應怎樣截法，方能使容器的容積為最大?

解　如圖 3–30 所示，假設截去的小方塊邊長為 x，則容器的容積為

$y=(a-2x)^2x$

其中 $0\le x\le \dfrac{a}{2}$。

因此問題歸結成，求函數 $y=(a-2x)^2x$ 在 $[0, \dfrac{a}{2}]$ 上最大值的問題。因為 $y'=(a-2x)(a-6x)$，令 $y'=0$ 得 $x=\dfrac{a}{2}$（不合）及 $x=\dfrac{a}{6}$。所以截去 $x=\dfrac{a}{6}$ 時，容器的容積最大。

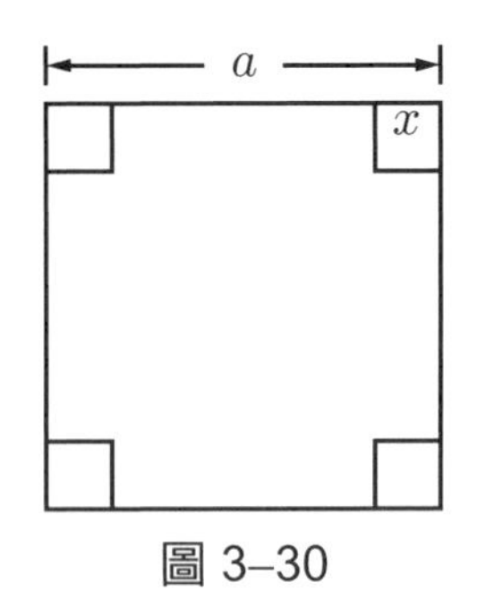

圖 3–30

■

隨堂練習 在上例中，把鐵皮改成長為 $2a$，寬為 a，問應如何截法，才能得到最大容積?

例 3 在直徑為 d 的圓形木材中，欲截成矩形，使其具有最大抗彎強度，問應如何截法?

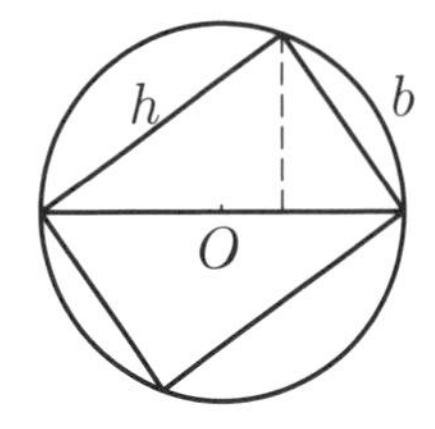

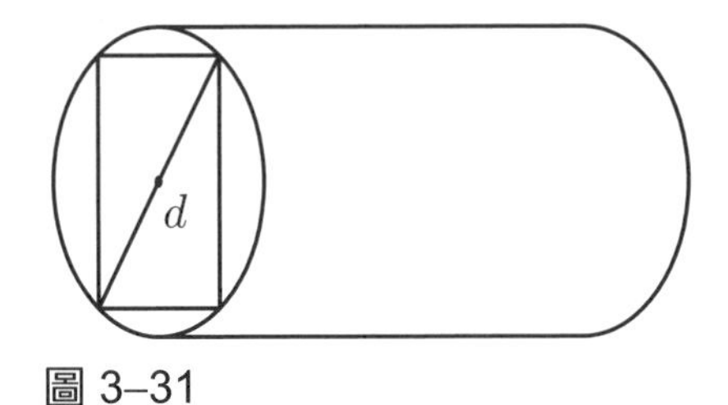

圖 3–31

解 由材料力學知道，具有矩形截面的樑，其強度與 bh^2 成正比，其中 b 是底，h 是高。因為 $h^2 = d^2 - b^2$，因此問題就是要求函數

$y = bh^2 = b(d^2 - b^2)$

在 $b \in [0,\ d]$ 上的最大值。因為 $y' = (d^2 - 3b^2)$，所以當 $b = \dfrac{d}{\sqrt{3}}$ 時，$y' = 0$，此時 y 有最大值。由於 $b = \dfrac{d}{\sqrt{3}}$ 時，$h = d\sqrt{\dfrac{2}{3}}$（畢氏定理），故有 $d : h : b = \sqrt{3} : \sqrt{2} : 1$，這就是說，只要把直徑三等分，從右等分點作垂線交圓於一點，作這點與直徑兩端的連線，即為所求。 ■

例 4　用鐵皮做圓柱形罐頭，若欲容積一定，問應如何做最省材料？（即表面積為最小也）

解　假設底半徑為 r，高為 h，固定容積 V（常數），表面積為 S，則我們有

$$\begin{cases} V = \pi r^2 h & (1) \\ S = 2\pi r^2 + 2\pi r h & (2) \end{cases}$$

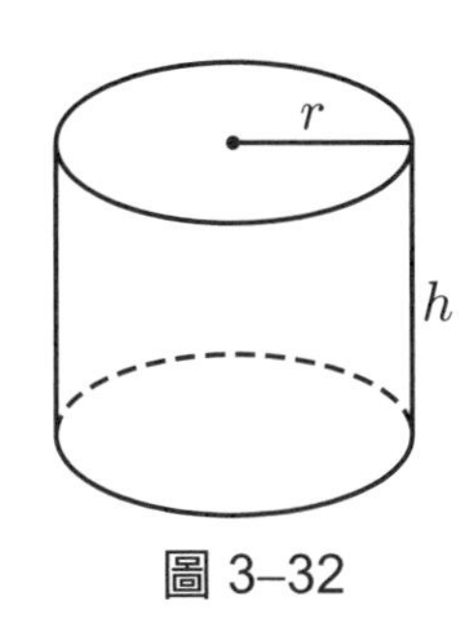

圖 3–32

由(1)式解出 $h = \dfrac{V}{\pi r^2}$ 代入(2)式得

$$S = 2\pi r^2 + \frac{2V}{r}$$

因此解 $\dfrac{dS}{dr} = 4\pi r - \dfrac{2V}{r^2} = 0$，得到 $r = \sqrt[3]{\dfrac{V}{2\pi}}$ 時最省材料。

但是這個答案對實際做罐頭沒有什麼用，我們要的是更清楚而實用的答案：因為

$$h = \frac{V}{\pi r^2} = \frac{V}{\pi \sqrt[3]{(\frac{V}{2\pi})^2}} = 2\sqrt[3]{\frac{V}{2\pi}} = 2r$$

換言之，罐頭應該這樣做，高度等於底直徑！這才是一個實際的答案，做應用問題時，我們特別要留意這點。■

例 5 由一單位圓形鐵皮，切去某一扇形，將殘餘部分作一圓錐容器，問當此容器之容積最大時，所切去扇形之中心角為何?

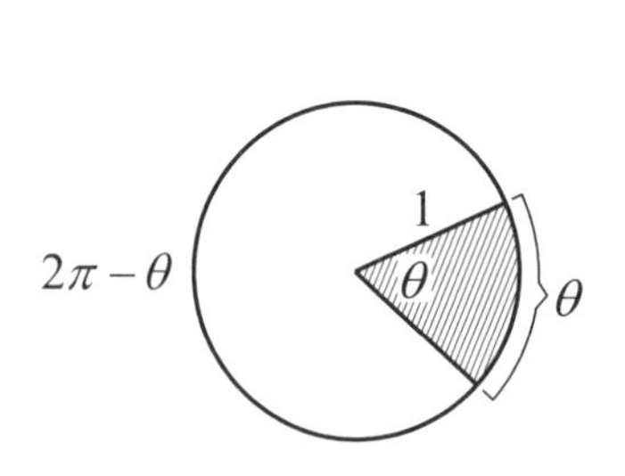

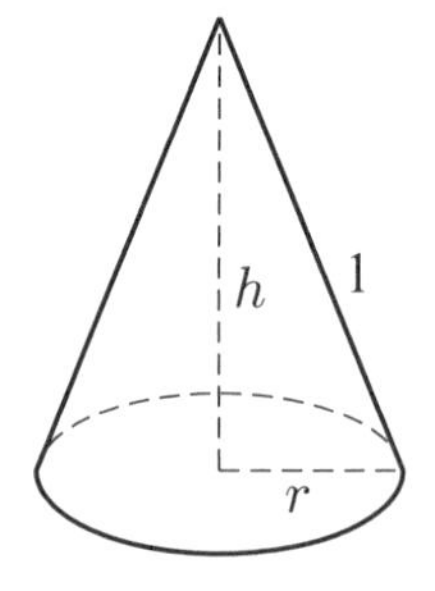

圖 3–33

解 （若採用 θ 當變數，問題並不好做，若用 r 當變數，則好做一點；但是最簡單的情形還是採用 h。）

設 V 表圓錐的容積，則有

$$V=\frac{1}{3}(\pi r^2)h$$

但是由畢氏定理知 $r^2=1-h^2$，於是

$$V=\frac{1}{3}\pi(1-h^2)h,\ V'=\frac{1}{3}\pi(1-3h^2)$$

令 $V'=0$ 解得最大點為 $h=\frac{1}{\sqrt{3}}$，從而 $r=\sqrt{\frac{2}{3}}$

由 $2\pi-\theta=2\pi r$ 得

$$\theta=2\pi-2\pi r=2\pi(1-\sqrt{\frac{2}{3}})$$

$\doteqdot 1.16$ 弧度 $=66.5°$（查表） ■

最大（小）值的問題在日常生活中也極常見，每個人都有他自己的各式各樣的最大（小）值問題。譬如：有人希望以「最低」的代價獲得某樣東西；也有人要在某限定時間內盡「最大」的努力去完成一件事；更有人冒風險時，希望冒「最小」的風險，而賺「最多」的錢等等。凡此種種，我們不禁要猜測（類推），自然界可能也是按某種「最大」或「最小」的經濟原則來運行的。於是有 Fermat 的**最短時間原理** (principle of least time) 及 Hamilton 的**最小作用量原理** (principle of least action)。這些構成人類心智成就最瑰麗的詩篇！人們用一個簡單的想法，就可以把自然界的各種現象「一以貫之」，這是多麼令人興奮的事！下面我們就舉例說明，如何利用最短時間原理來統一光的反射及折射現象這個問題。至於最小作用量原理，它可以用來統一古典力學，這個超出本書的範圍，我們點到為止。

例 6 （光的反射定律）

在國中，我們學過光的反射定律：入射角等於反射角。現在我們利用最短時間原理，重新來導出這個定律。所謂**最短時間原理**是說：光所走的路徑使所費時間最短。這是什麼路徑呢?

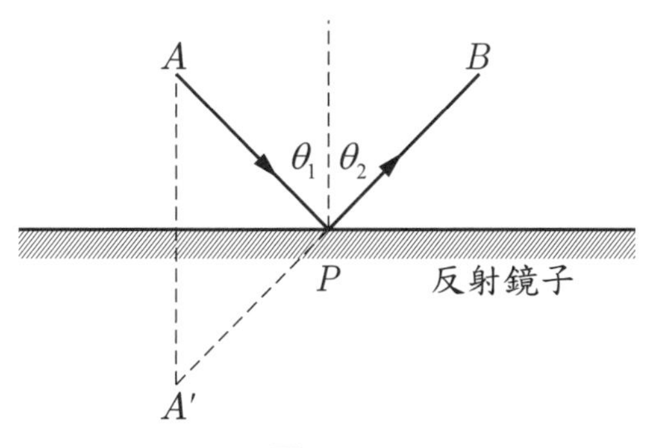

圖 3–34

因為在同一介質中，光速固定不變，故最短時間路徑就是最短路徑。於是問題變成：如何找到鏡面上一點 P，使得 $\overline{AP}+\overline{PB}$ 為最小？作法大家都很清楚：以鏡面為對稱面，作 A 點的對稱點 A'，連結 $\overline{A'B}$ 交鏡面於 P 點，則 $\overline{AP}+\overline{PB}$ 就是最短路徑。（理由？）對這個最短路徑（即光所走的路徑），容易證得 $\angle\theta_1=\angle\theta_2$（習題），這就是光的反射定律。■

隨堂練習 補足上例中的論證。

例 7 （光的折射定律）

利用最短時間的原理也可導得折射定律。假設 x 軸分隔甲、乙兩種介質，而光在甲、乙兩介質中的速度分別為 v_1, v_2。今光由 A 點走到 B 點，若所費時間最短，試證

$$\frac{\sin\theta_1}{\sin\theta_2}=\frac{v_1}{v_2} \qquad \text{（折射定律）}$$

其中 θ_1 為入射角，θ_2 為折射角，見下圖：

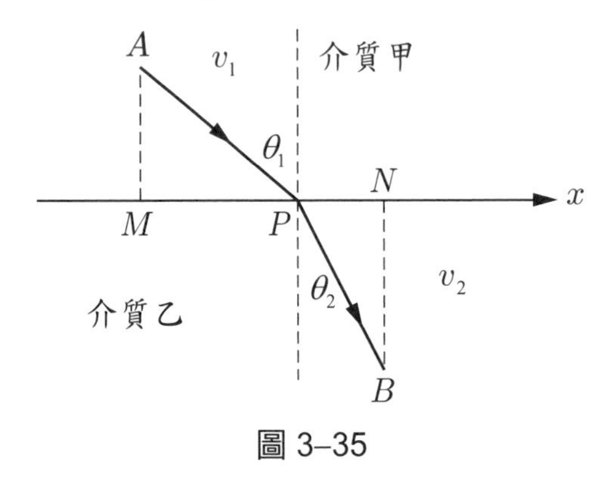

圖 3–35

證明　我們的問題是：在 x 軸上找一點 P，使得光沿 APB 走所費時間最短。今設 $\overline{MA}=a$, $\overline{NB}=b$, $\overline{MN}=c$, $\overline{MP}=x$，則光沿 APB 走所費的時間為

$$f(x)=\frac{\sqrt{a^2+x^2}}{v_1}+\frac{\sqrt{b^2+(c-x)^2}}{v_2}$$

換言之，我們要求 $f(x)$ 的最小值。因為

$$f'(x)=\frac{x}{v_1\sqrt{a^2+x^2}}-\frac{(c-x)}{v_2\sqrt{b^2+(c-x)^2}}$$

$$=\frac{\sin\theta_1}{v_1}-\frac{\sin\theta_2}{v_2}$$

當 x 由 0 逐漸變動到 c 時，$\sin\theta_1$ 的值由 0 逐漸增加，而 $\sin\theta_2$ 之值逐漸減少至 0，故 $f'(x)$ 之值起初為負，而後逐漸增加，最後變為正。因此滿足 $f'(\xi)=0$ 的 ξ 值，$0<\xi<c$，可唯一決定，且使 $f(\xi)$ 為最小值。從而，$x=\xi$ 時，可得

$$\frac{\sin\theta_1}{v_1}=\frac{\sin\theta_2}{v_2}$$ ■

（註：當 $v_1\neq v_2$ 時，$\theta_1\neq\theta_2$，此時 APB 並不是直線。換言之，走直線並不是最省時的路！我們可以假想，有一個漂亮的女孩翻了船，在 B 處喊救命，x 軸是海岸線，你在陸地上 A 點看到了這個事故，你可以跑，也可以游泳，請問你應經什麼路線去「救美」？（時間是最重要的考慮！））

隨堂練習　見下圖，欲築一電纜連接電力站及某一工廠，若已知在陸上架設 1 公尺須費 30 元，在水底 1 公尺須 50 元。問如何架設最省錢？

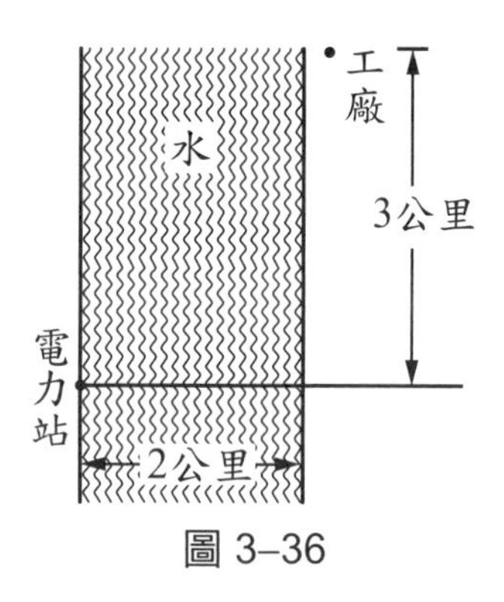

圖 3–36

習　題　3–5

1. 一個農夫要用 100 公尺長的籬笆圍矩形地，問最大可圍多少面積？若一邊靠著直河而不必圍，只須圍三邊，又如何？
2. 欲圍 100 平方公尺的矩形菜園，如何圍法最省籬笆？
3. 在一條直河旁邊，要用 100 公尺的籬笆圍地，靠河的一邊不必圍。問應該圍成矩形或直角三角形，可得最大面積？（見下圖）

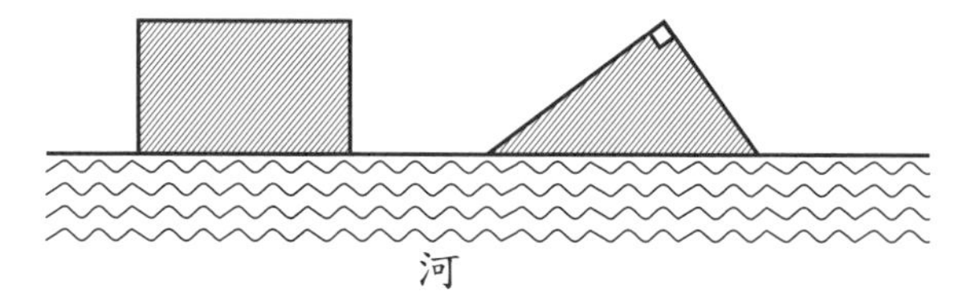

4. 在半徑為 5 的半圓內，欲作一個內接三角形，以直徑為三角形的一邊，欲三角形面積為最大，問此三角形呈何三角形？最大面積多少？
5. 有一工廠生產某種產品，假設單位成本為 c 元。若單位價格為 x 元，則可賣出產品 $n(x)=\dfrac{a}{x}-b$ 個單位，$a, b>0$。欲得最大利潤，問價格應定為多少？最大利潤為何？（利潤 = 總收入 − 總成本）
6. 在上題中，若 $c=1$, $a=8000$, $b=0.02$，試求出數值來。

7. 在第 5 題中，若政府突然增收貨物稅，每單位產品 0.2 元。此工廠就把它當作額外成本。試重做第 5 題。

8. 半徑為 10 之圓，問內接矩形之面積最大為若干？

9. 半徑為 10 之圓球，問內接圓柱形之體積最大為若干？

10. 一條長為 L 公尺的鐵絲，切成兩段。一段圍成圓，另一段圍成正方形。問應如何切法，才可使圍成的面積和為最大？最小？

11. 有一個農夫，從住所走到河邊提水到牛廄，如下圖：

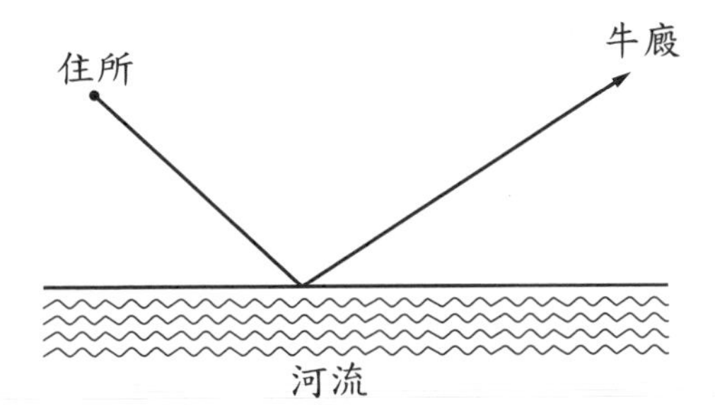

假設這位農夫走的速度均勻不變，問應如何走法，費時最少？若未提水一程的速度為 v_1，提水一程的速度為 v_2，又如何呢？

3–6 相關的變化率

微分法的主要涵意是「變化之學」，透過微分的演算，我們就可以掌握各種變化現象。

例 1 有一直徑為 5 公分，長為 10 公分之圓金屬棒，以每分鐘 1 公分的速率延伸。試求 10 分鐘後，直徑之減少速度；但棒為均勻延伸且體積不變。

解 設直徑在 t（分鐘）時刻為 $r(t)$，此時長度為 $(10+t)$。由體積之不變性知

$$\pi\cdot(\frac{r(t)}{2})^2(10+t)=\pi\cdot(\frac{5}{2})^2\times 10$$

即 $r^2(t)(10+t)=250$

對 t 微分得

$$2r(t)r'(t)(10+t)+r^2(t)=0$$

於是

$$r'(t)=\frac{-r(t)}{2(10+t)}$$

又當 $t=10$ 時，$r(t)=\sqrt{\frac{25}{2}}$

故

$$r'(10)=\frac{-\sqrt{\frac{25}{2}}}{40}=-\frac{1}{8\sqrt{2}}\doteqdot -0.088$$

負號表示 $r(t)$ 遞減。因此 10 分鐘後，直徑每分鐘之減少速率為 0.088 公分。 ■

例 2　有一位小孩投擲一個石頭到湖中，造成逐漸擴大的圓形漣漪，參見圖 3–37。如果圓的半徑以每秒鐘 0.5 公尺的常速率增加，當半徑 $r=20$ 公尺時，求圓的面積每秒鐘之增加率。

圖 3–37

解　圓的面積為

$A(t)=\pi r(t)^2$

對 t 微分得

$$\frac{dA}{dt}=2\pi r\frac{dr}{dt}$$

今已知 $\frac{dr}{dt}=0.5$ 公尺/秒，代入上式得

$$\frac{dA}{dt}=2\pi r\times 0.5=\pi r$$

所以，當 $r=20$ 時，圓面積之增加率為

$$\frac{dA}{dt}=\pi\times 20 \doteq 62.8 \text{ 平方公尺/秒}$$

■

隨堂練習　有一圓錐形容器，高為 b，頂半徑為 a（見圖 3–38），今以每分鐘 r 立方公尺的水量注入其中，求當水深為 y 時，水面上升的變率。設 $a=4$ 公尺，$b=3$ 公尺，$r=$ 每分鐘 2 立方公尺，求 $y=1$ 公尺時水面上升的變率。

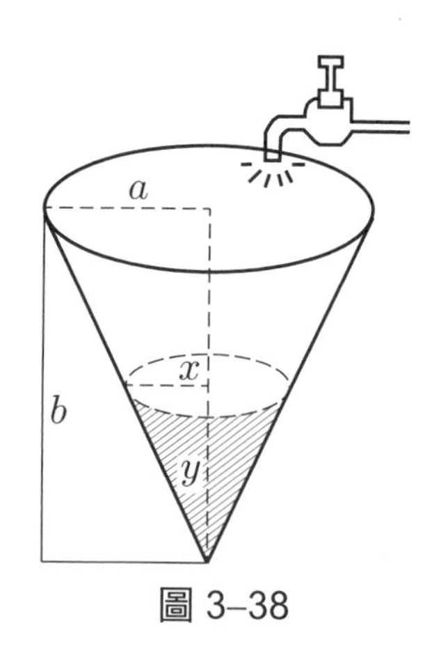

圖 3–38

習 題 3–6

1. 設一崖高 10 公尺，崖頂至船的距離為 50 公尺。今以一鋼纜繫於船上，由崖頂以每秒 1 公尺的速度拉向岸邊。試求 10 秒後，此船之速度為若干？

2. 一長為 5 公尺的棒子垂直靠著牆壁。今棒子下端以每秒 40 公分的速度滑離壁角，當下端離牆角 3 公尺之瞬間，試求上端往下滑的速度。

3. 有一人以每小時 5 公里之速度向一高為 60 公尺之塔底走去。當此人距塔底 80 公尺時，問他趨近塔頂之速度為何？

4. 假設有一質點在拋物線 $x^2=6y$ 上運動。已知當 $x=6$ 時，橫坐標之增加率為每秒 2 公尺，問此時縱坐標之增加率為何？

5. 有一等邊三角形，邊長每秒鐘以 2 公分的速率增長，在邊長為 a 公分時，試求面積之增加率為何？

6. 一正四面體，邊長以每分鐘 1 公分的速率增加，在邊長 10 公分時，求體積之增加率。

7. 有一矩形在某瞬間的長寬分別為 a 及 b，而此時長寬的變率分別為 m 及 n。試證此矩形面積之變率為 $an+bm$。

* 8. 有一個在海中的燈塔，距平直海岸最近點 A 的距離為 2 公里，以每分鐘旋轉 3 圈的速率照射。問當照射至距 A 點 1 公里的海岸時，光速在海岸上移動的速率為若干？

9. 有兩艘船，由同一地點和時間出發。一艘往東，時速 15 公里；一艘往北，時速 20 公里。問經過 3 小時後，兩船離開的速度若干？

3–7　微分與近似估計

微分法應用到近似估計，其出發點就是導數的基本定義：

$$f'(x)=\lim_{\Delta x\to 0}\frac{f(x+\Delta x)-f(x)}{\Delta x}$$

或

$$\frac{dy}{dx}=\lim_{\Delta x\to 0}\frac{\Delta y}{\Delta x}$$

其中 $\Delta y=f(x+\Delta x)-f(x)$

或

$$f'(a)=\lim_{x\to a}\frac{f(x)-f(a)}{x-a}$$

這表示了「**近似的第一原則**」即「**切線法**」：**用平直的切線取代彎曲的曲線**。它有各種形式的說法：

(1) $\dfrac{\Delta y}{\Delta x} \doteqdot \dfrac{dy}{dx}$

(2) $\dfrac{f(x+\Delta x)-f(x)}{\Delta x} \doteqdot f'(x)$

(3) $\dfrac{f(x)-f(a)}{x-a} \doteqdot f'(a)$

(4) $\Delta y = f(x+\Delta x)-f(x) \doteqdot f'(x)\Delta x$

(5)割線斜率 $\doteqdot$ 切線斜率

(6)平均速度 $\doteqdot$（瞬間）速度

(7) $f(x) \doteqdot f(a)+f'(a)(x-a)$（當 x 很靠近 a 時）

注意，(7)式右端是 x 的一次多項式，叫做 f 在 a 點的一階 Taylor 多項式，其意義是：f 本身可能很複雜，函數值不易算，但是當 x 夠靠近 a 時，我們大可用簡單的一次多項式 $f(a)+f'(a)(x-a)$ 來取代 $f(x)$。

一階的 Taylor 多項式也有解析幾何的意思：

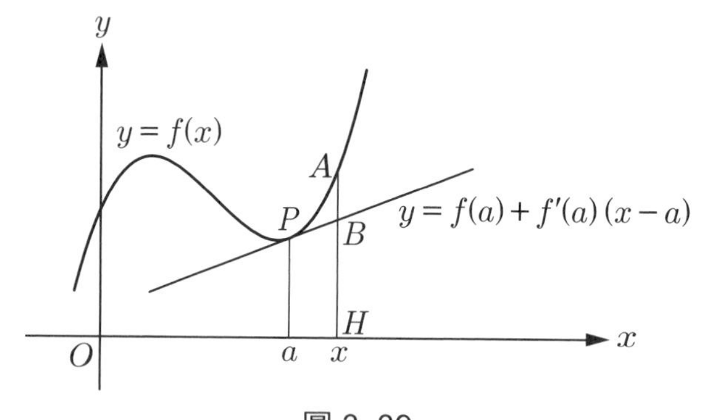

圖 3–39

由點斜式知，過 $P(a, f(a))$ 點的切線方程式為

$$\frac{y-f(a)}{x-a} = f'(a)$$

或
$$y = f(a)+f'(a)(x-a)$$

此式跟(7)式比較得知，用 $f(a)+f'(a)(x-a)$ 取代 $f(x)$（在 a 點附近）

的幾何意義就是用通過 $(a, f(a))$ 點的切線來取代原曲線（見圖 3–39）。換句話說，在局部範圍（如 a 點附近）我們可用平直取代彎曲！同理對於高維度的情形，我們就用切平面（平直）取代曲面，這是整個微分學的基本精神。

（註：地球表面實際上是曲面，但是我們放眼望去卻覺得是平直的，這是因為我們所能看見的範圍太小了。在這小範圍的曲面，看起來簡直就是平面。這也是「地圓說」遲遲未被接受的原因。）

上面的式子，常用來作近似計算。

例 1　計算 $\sqrt[3]{1.02}$ 的近似值。

解　考慮函數 $f(x)=\sqrt[3]{x}$，則 $f'(x)=\frac{1}{3}x^{-\frac{2}{3}}$。取 $a=1$, $\Delta x=0.02$，利用(7)式得

$$\sqrt[3]{1.02}=f(a+0.02)\doteqdot f(a)+f'(a)\Delta x$$

$$=1+(\frac{1}{3}a^{-\frac{2}{3}})\cdot\Delta x$$

$$=1+\frac{1}{3}\cdot 0.02\doteqdot 1.006$$

■

隨堂練習　求 $\sqrt[3]{996}$ 與 $\sqrt{99}$ 之近似值。

例 2　邊長為 x 的正方形面積 $A(x)=x^2$，當邊長的變化量是 Δx 時，相應地，面積的變化量 $\Delta A=A(x+\Delta x)-A(x)$ 可以近似地用線性主部 $A'(x)\cdot\Delta x=2x\cdot\Delta x$ 來代替，而誤差僅是一個以 Δx 為邊長的正方形面積。顯然，當 Δx 越小時，這個近似越精確。參見圖 3–40。

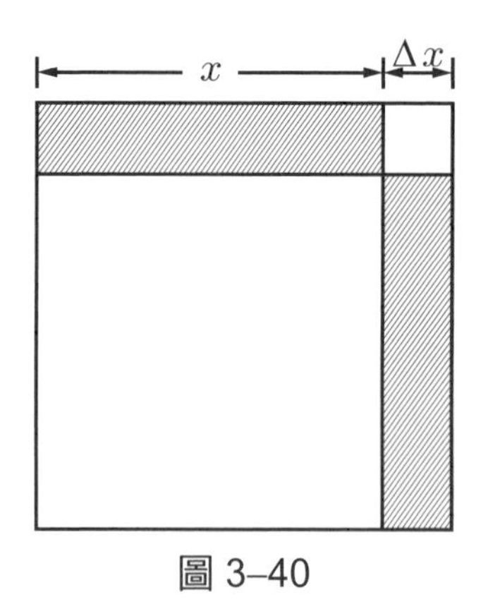

圖 3–40

■

隨堂練習 邊長為 5.1 公分的立方體，試求其近似體積。

例 3 有一球殼，內半徑為 10 公分，厚度為 $\frac{1}{10}$ 公分，試求其體積之近似值。

解 因為半徑為 x 之球體，其體積為

$$V(x)=\frac{4}{3}\pi x^3$$

於是

$$V'(x)=4\pi x^2$$

並且球殼的體積為

$$\Delta V=\frac{4}{3}\pi\cdot(10\frac{1}{10})^3-\frac{4}{3}\pi\cdot(10)^3$$

這不易算，今因厚度 $\frac{1}{10}$ 公分很小，故我們可利用微分法作線性逼近。

$$\Delta V \doteqdot V'(10)\cdot\frac{1}{10}=4\pi\cdot(10)^2\cdot\frac{1}{10}$$

$$\doteqdot 125.7 \text{ 立方公分}$$

■

習　題　3–7

1. 有一立方體邊長為 6 公分，如量邊長的誤差為 0.02 公分，試求其體積與表面積之近似誤差為何?

2. 利用微分工具求下列各數的近似值:

(1) $\sqrt[3]{1010}$　　(2) $\sqrt[3]{120}$

(3) $\sqrt{35}$　　(4) $\dfrac{1}{\sqrt{51}}$

3. 有一立方體金屬塊，受熱時，溫度每增加一度，其邊長即增加 $\dfrac{1}{10}$ 公分。在邊長為 10 公分時，溫度每增加一度，求表面積與體積的增加量。

第四章　不定積分

4–1　不定積分的意義與性質

4–2　變數代換積分法

4–3　不定積分的應用

微分演算 D（或 $\frac{d}{dx}$）猶如關公的「青龍偃月刀」，威力強大無比，它有正、反兩向的演算功能，都非常有用：

(1)正向演算：給一個函數 F，求算出它的導函數 DF。這可以解決求切線、極值、速度、變化率等問題。

D

輸入 F → □ → 輸出 DF

機器

(2)反向演算：給一個函數，欲求另一個函數 F 使得 $DF = f$。這可以解決求面積、體積、解微分方程等問題。

D

F ← □ ← f

前者在第二、三章中已討論過，本章我們要來探討後者。

4–1　不定積分的意義與性質

給一個函數 $F(x) = x^2$，我們都知道它的**微分**是 $F'(x) = 2x$。反過來，已知

$$DF(x) = 2x \tag{1}$$

欲求 $F(x)$，這就是**反微分**或**不定積分問題**。

我們立即看出(1)式的一個答案是 $F(x) = x^2$，另外，由於常函數的微分等於 0，故

$$F(x) = x^2 + \pi,\ F(x) = x^2 - \sqrt{2}$$

或更一般的

$$F(x)=x^2+c \tag{2}$$

也都是答案，其中 c 為任意常數。

還有沒有其他答案呢？沒有！換言之，(1)式的解答雖有無窮多個，但超不出(2)式的形式。這是反微分或不定積分的特有性質，非常重要。這好比是，齊天大聖雖然武功厲害，但超脫不出如來佛的手掌心。

甲、不定積分的意義

一般而言，所謂**反微分**或**不定積分問題**就是：給一個函數 $f(x)$，欲求另一個函數 $F(x)$，使得

$$DF(x)=f(x) \tag{3}$$

這個問題的答案存在嗎？如果答案存在的話，有幾個？如何求算？這就是數學中解方程式最常探究的三個問題：**存在性問題**、**唯一性問題**與**建構問題**。

對於答案的存在性問題，以後介紹微積分根本定理時，我們會證明：只要 $f(x)$ 為一個連續函數，那麼解答一定存在。

其次，如果答案存在的話，必有無窮多個，但是任何兩個答案之差皆為一個常數，這就是下面定理的內容：

定　理 1

若在某個區間 I 上恆有 $DF(x)=f(x)$ 且 $DG(x)=f(x)$，則存在一個常數 c 使得

$$G(x)=F(x)+c,\ \forall x\in I$$

證明　我們只需證明 $G(x)-F(x)$ 為一個常函數就好了。因為

$$D(G(x)-F(x)) = DG(x)-DF(x)$$
$$= f(x)-f(x)=0$$

所以由下面的微分方程根本補題可知 $G(x)-F(x)$ 為一個常函數，即存在常數 c，使得

$$G(x)-F(x)=c$$

或 $G(x)=F(x)+c$ ■

定　理 2

（微分方程根本補題）

若 f 在一個區間 I 上可微分且 $f'(x)=0,\ \forall x\in I$，則 f 為一個常函數。

證明　設 $x_0\in I$ 為固定點，$x\in I$ 為任意數，對區間 $[x_0, x]$ 或 $[x, x_0]$ 使用均值定理，得到

$$f(x)-f(x_0)=f'(\xi)(x-x_0)=0$$

因此

$f(x)=f(x_0)$，常數。 ■

例 1　求 $F(x)$ 使得 $DF(x)=x^2$。

解　因為 $D(\frac{1}{3}x^3)=x^2$，所以

$$F(x)=\frac{1}{3}x^3$$

是一個解答，而所有可能的解答必形如

$$F(x)=\frac{1}{3}x^3+c$$ ■

我們稱 $\frac{1}{3}x^3$（或 $\frac{1}{3}x^3+\pi$ 或 $\frac{1}{3}x^3-\sqrt{2}$ … 等任何一個）為 x^2 的**一個反導函數** (an antiderivative)，並且稱所有可能的解答 $\frac{1}{3}x^3+c$ 為 x^2 的**不定積分** (indefinite integral)，記為 $\int x^2dx$，亦即

$$\int x^2dx=\frac{1}{3}x^3+c$$

我們稱 c 為**積分常數**。

一般而言，已知 $f(x)$，則任何滿足 $DF(x)=f(x)$ 的**一個**函數 $F(x)$，我們就稱為 $f(x)$ 的**一個反導函數**，而滿足 $DF(x)=f(x)$ 的所有解答 $F(x)$，叫做 $f(x)$ 的**不定積分**，記為 $\int f(x)dx$。因此，$\int f(x)dx$ 代表無窮多個函數，任何兩個只差一個常數，並且 $D\int f(x)dx=f(x)$。

例 2 因為 $D(3x^4+x^3)=12x^3+3x^2$，所以

$$\int(12x^3+3x^2)dx=3x^4+x^3+c$$ ■

換言之，微分公式與不定積分公式是互相對應的，可以看作是一體的兩面：

$$DF(x)=f(x)\leftrightarrow\int f(x)dx=F(x)+c \tag{4}$$

我們將常用的積分公式列在書末當作附表，可隨時查閱。

例 3　假設 $n \neq -1$，則

$$D(\frac{1}{n+1}x^{n+1}) = x^n \leftrightarrow \int x^n dx = \frac{1}{n+1}x^{n+1} + c \tag{5}$$

對於 $n = -1$ 的情形，留待第六章討論。■

隨堂練習　求下列不定積分：

(1) $\int x^{\frac{3}{4}} dx$　　(2) $\int (4x^5 + 6x - 5)dx$

(3) $\int x^2(x^2 - 1)dx$　　(4) $\int (1 - 2x^2 - 3x^3)dx$

乙、不定積分的性質

我們剛說過，有一個微分公式就對應有一個不定積分公式，那麼微分公式

$$D(F(x) + G(x)) = DF(x) + DG(x) \tag{6}$$

$$D(c \cdot F(x)) = c \cdot DF(x) \tag{7}$$

所對應的不定積分公式是什麼呢?

定　理 3

（不定積分的疊合原理）

(1) $\int (f(x) + g(x))dx = \int f(x)dx + \int g(x)dx$　(8)

(2) $\int c \cdot f(x)dx = c\int f(x)dx$　(9)

證明 因為

$$D[\int (f(x)+g(x))dx] = f(x)+g(x)$$

並且

$$D[\int f(x)dx + \int g(x)dx] = D[\int f(x)dx] + D[\int g(x)dx]$$
$$= f(x)+g(x)$$

所以

$$\int (f(x)+g(x))dx = \int f(x)dx + \int g(x)dx$$

這就證明了(8)式。另外，因為

$$D[\int cf(x)dx] = c\cdot f(x)$$

並且

$$D[c\cdot \int f(x)dx] = c\cdot D[\int f(x)dx]$$
$$= c\cdot f(x)$$

所以

$$\int cf(x)dx = c\cdot \int f(x)dx$$

這就是(9)式。 ■

上述定理 3 告訴我們，兩個函數相加的不定積分就是個別函數不定積分的相加，這可以推廣到任何有限多個函數的情形：

$$\int (f_1(x)+f_2(x)+\cdots+f_n(x))dx \tag{10}$$

$$= \int f_1(x)dx + \int f_2(x)dx + \cdots + \int f_n(x)dx \tag{11}$$

其次，一個函數乘以一個常數的不定積分，可以將常數提到積分符號的外面。但是我們要注意，若不是常數的話，就不能提出來，例如

$$\int x^2 dx \neq x\int x dx$$

推　論

(1) $$\int (f(x)-g(x))dx=\int f(x)dx-\int g(x)dx \tag{12}$$

(2) $$\int (c_1 f_1(x)+\cdots+c_n f_n(x))dx=c_1\int f_1(x)dx+\cdots+c_n\int f_n(x)dx \tag{13}$$

證明 (1)
$$\begin{aligned}\int (f(x)-g(x))dx&=\int (f(x)+(-1)g(x))dx\\&=\int f(x)dx+\int (-1)g(x)dx\\&=\int f(x)dx+(-1)\int g(x)dx\\&=\int f(x)dx-\int g(x)dx\end{aligned}$$

(2)
$$\begin{aligned}&\int (c_1 f_1(x)+\cdots+c_n f_n(x))dx\\&=\int c_1 f_1(x)dx+\cdots+\int c_n f_n(x)dx\\&=c_1\int f_1(x)dx+\cdots+c_n\int f_n(x)dx\end{aligned}$$ ■

例 4
$$\begin{aligned}\int (3x^2+2x+1)dx&=3\int x^2dx+2\int xdx+\int 1dx\\&=3\cdot\frac{1}{3}x^3+2\cdot\frac{1}{2}x^2+x+c\\&=x^3+x^2+x+c\end{aligned}$$ ■

例 5 $\int \frac{2x^3 - x^2 - 2}{x^2} dx = \int (2x - 1 - 2x^{-2}) dx$

$$= x^2 - x + \frac{2}{x} + c$$

（註：在上述兩例中，我們把各積分常數收集起來用 c 來代表。）

隨堂練習 求下列不定積分：

(1) $\int \frac{5x^{\frac{1}{3}} - 2x^{-\frac{1}{3}}}{\sqrt{x}} dx$

(2) $\int (\sqrt{x} - 14x^{\frac{5}{2}} + \frac{3}{x^2}) dx$

習 題 4–1

求下列的不定積分：

1. $\int \frac{1}{\sqrt{x}} dx$
2. $\int (3x^2 + 2x + 1) dx$
3. $\int (\sqrt{x} - \frac{1}{\sqrt{x}}) dx$
4. $\int x^2 \sqrt{x} dx$
5. $\int (\frac{6}{x^4} + 2x^{\frac{3}{2}} - 5) dx$
6. $\int (\frac{3}{2} x^{\frac{1}{2}} - 5) dx$
7. $\int (4x^3 - 8x + 17) dx$
8. $\int x^{\frac{1}{3}} (x + 2)^2 dx$
9. $\int (12x^5 - 3x^{-2}) dx$
10. $\int x^4 (5 - 12x^{55}) dx$

4–2　變數代換積分法

在微分公式中，最重要的要推連鎖規則：

$$DF(g(x)) = F'(g(x))g'(x) \tag{1}$$

它所相應的不定積分法就是變數代換積分法。

我們先看一個簡單情形。在不定積分公式

$$\int u^n du = \frac{u^{n+1}}{n+1} + c,\ n \neq -1 \tag{2}$$

之中，令 $u = f(x)$，則

$$\frac{du}{dx} = f'(x)$$

$$\therefore du = f'(x)dx$$

將這些代入(2)式中，則(2)式就變成

$$\int (f(x))^n f'(x)dx = \frac{(f(x))^{n+1}}{n+1} + c,\ n \neq -1 \tag{3}$$

這個式子之所以成立，建築在連鎖規則上面：

$$D\left(\frac{(f(x))^{n+1}}{n+1}\right) = (f(x))^n \cdot f'(x)$$

這告訴我們，欲求算不定積分 $\int (f(x))^n f'(x)dx$ 的步驟是：令 $u = f(x)$，則 $du = f'(x)dx$，於是

$$\int (f(x))^n f'(x)dx = \int u^n du = \frac{u^{n+1}}{n+1} + c$$
$$= \frac{(f(x))^{n+1}}{n+1} + c$$

這就是**變數代換積分法**。

例 1 求 $\int 10(x^3+1)^9 3x^2 dx$

解 表面看起來，這個題目似乎很難做。但是只要令 $u = x^3+1$ 則 $\int 10(x^3+1)^9 3x^2 dx$ 就變成 $\int 10u^9 du$ 之形，這個問題大家都會做，答案是 $u^{10}+c$（因 $(u^{10})' = 10u^9$ 也），再代回變數就得到 $(x^3+1)^{10}+c$，因此 $\int 10(x^3+1)^9 3x^2 dx = (x^3+1)^{10}+c$ ■

（註：利用變數代換可以使我們看出問題的真面目，而不為其外表所迷惑。事實上，本例的真面目可以寫成：$\int 10\square^9 d\square = \square^{10}+c$，其中□填空。）

例 2 求 $\int (3x^2-1)^{\frac{1}{3}} 4x dx$

解 令 $u = 3x^2-1$，則

$$du = 6xdx$$

$$xdx = \frac{1}{6}du$$

$$\therefore \int (3x^2-1)^{\frac{1}{3}} 4x dx = \int u^{\frac{1}{3}} \cdot 4 \cdot \frac{1}{6} du$$
$$= \frac{2}{3}\int u^{\frac{1}{3}} du = \frac{2}{3} \cdot \frac{3}{4} u^{\frac{4}{3}} + c$$
$$= \frac{1}{2}u^{\frac{4}{3}} + c = \frac{1}{2}(3x^2-1)^{\frac{4}{3}} + c$$ ■

一般情形，欲求算如下形之不定積分

$$\int f(g(x))g'(x)dx \tag{4}$$

我們令 $u=g(x)$，則 $du=g'(x)dx$，於是(4)式變成

$$\int f(g(x))g'(x)dx=\int f(u)du$$

假設我們可以算出

$$\int f(u)du=F(u)+c \tag{5}$$

這等價於

$$F'(u)=f(u)$$

那麼

$$\begin{aligned}\int f(g(x))g'(x)dx&=\int f(u)du\\&=F(u)+c=F(g(x))+c\end{aligned} \tag{6}$$

這樣的演算步驟就是**變數代換法**。(6)式之所以成立，可利用連鎖規則來驗證：

$$DF(g(x))=F'(g(x))g'(x)=f(g(x))g'(x)$$

例 3　求 $\int x^2(1-4x^3)^{\frac{1}{5}}dx$

解　令 $u=1-4x^3$，則

$du=-12x^2dx$

$$x^2dx=-\frac{1}{12}du$$

$$\therefore\int x^2(1-4x^2)^{\frac{1}{5}}dx=\int(-\frac{1}{12})u^{\frac{1}{5}}du$$

$$=-\frac{1}{12}\cdot\frac{5}{6}u^{\frac{6}{5}}+c$$

$$=-\frac{5}{72}(1-4x^2)^{\frac{6}{5}}+c$$

■

習　題　4–2

求下列的不定積分：

1. $\int\sqrt{3+4x}\,dx$
2. $\int x\sqrt{3x^2+1}\,dx$
3. $\int\frac{dx}{(2x-3)^2}$
4. $\int\frac{xdx}{\sqrt{5-4x^2}}$
5. $\int x^{\frac{2}{3}}(2-x^{\frac{5}{3}})^{-5}dx$
6. $\int\frac{(1+\sqrt{x})^{\frac{1}{4}}}{\sqrt{x}}dx$
7. $\int\frac{2+3x}{\sqrt{1+4x+3x^2}}dx$
8. $\int\frac{dx}{(7-x)^7}$
9. $\int(10x+10)^{10}dx$
10. $\int x\sqrt{(3x^2+4)^3}\,dx$
11. $\int x^6(x^7+8)^9dx$
12. $\int 24x(4x^2-1)^9dx$

4–3　不定積分的應用

利用不定積分的演算，我們可以求算**定積分**與求解**微分方程式**。前者留待第五章講述，本節我們要來探討後者，介紹一些簡單微分方程式的意思與求解方法。

首先，我們觀察一個例子。

對於函數 $y=x^3+c$，我們有如下一體兩面的公式：

1.微分公式

$$\frac{dy}{dx}=3x^2 \tag{1}$$

或

$$dy=3x^2dx \tag{2}$$

2.不定積分公式

$$\int dy=\int 3x^2dx \tag{3}$$

或

$$y=x^3+c \tag{4}$$

（註：(3)式兩側的不定積分，所得的結果本應該是含有兩個積分常數：

$y+c_1=x^3+c_2$

$y=x^3+(c_2-c_1)$

我們令 c_2-c_1 為 c，這並不失其一般性。因此，由(3)式我們可以直接寫出(4)式。）

對於上述的例子，我們作這樣的解釋：有一個未知函數 y，制約在微分方程式(1)或(2)之中，經過(3)之不定積分演算，我們就求得(4)為(1)或(2)之解答。

這完全平行類推於求解代數方程式：有某個**未知數** x，制約在一個方程式，例如 $x^2-5x+6=0$ 之中，解方程式得 $x=2$ 或 $x=3$。

所謂微分方程式 (differential equation) 是指一個方程式，含有一個未知函數 y 及其各階導函數。例如

$$\frac{dy}{dx}=x^2+1$$

$$\frac{d^2y}{dx^2}+\frac{dy}{dx}+y=0$$

前者只含 y 的一階微分，故叫做一階微分方程式；後者含有未知函數 y 的最高階微分是二階的，故叫做二階微分方程式。

最簡單的一階微分方程式就是不定積分問題：已知 $y'=f(x)$，求 y。答案是 $f(x)$ 的不定積分

$$y=\int f(x)dx$$

由於這個緣故，我們常把「**解**」(solve) 微分方程式說成「**積分**」(integrate) 該微分方程式，即使該方程式並不如此簡單！

即使就簡單的方程式 $\frac{dy}{dx}=2x$ 來說，其解答也有無窮多個：$y=x^2+c$，這裡 c 可為任意常數。對於實際問題，常常會給我們另外的數據（有種種名稱，譬如**初期條件**），以決定出 c 來，例如，當 $x=1$ 時 $y=-9$，則 $c=-10$，因而 $y=x^2-10$ 就是合乎初期條件的**解答** (solution)。

再看另一個例子：$\frac{d^4y}{dx^4}=24$，作一次不定積分則得

$$\frac{d^3y}{dx^3}=24x+6c_1$$

繼續作不定積分得

$$\frac{d^2y}{dx^2} = 12x^2 + 6c_1x + 2c_2$$

$$\frac{dy}{dx} = 4x^3 + 3c_1x^2 + 2c_2x + c_3$$

因而解答為

$$y = x^4 + c_1x^3 + c_2x^2 + c_3x + c_4$$

（註：我從 $\frac{d^4y}{dx^4} = 24$ 積分出 $\frac{d^3y}{dx^3} = 24x + 6c_1$——嘻！因為我已知道答案這樣寫比較好看！其實寫 $\frac{d^3y}{dx^3} = 24x + c_1$ 更自然，於是答案成了 $y = x^4 + \frac{c_1}{6}x^3 + \cdots$，那就是說你的 $\frac{c_1}{6}$ 是我的 c_1, …… 等等。）

例 1　求解一階微分方程式

$$\frac{dy}{dx} = -2xy^2 \tag{5}$$

解　原微分方程式可以改寫成

$$-\frac{dy}{y^2} = 2xdx$$

兩邊積分得

$$\frac{1}{y} = x^2 + c$$

$$\therefore y = \frac{1}{x^2 + c} \tag{6}$$

■

我們稱(6)式為(5)式的**通解** (general solution)，而每選定一個 c 值所得到的解答，例如 $y = \frac{1}{x^2 + 3}$，叫做(3)式的一個**特解** (particular solution)。我們注意到，$y \equiv 0$（零函數）也是(5)式的一個解答。

例 2　求解 $y\dfrac{dy}{dx}+x=0$。

解　原式可以改寫成

$ydx=-xdx$

兩邊積分得

$\frac{1}{2}y^2=-\frac{1}{2}x^2+c_1$

$$\therefore x^2+y^2=2c_1=c \tag{7}$$

我們所欲求的未知函數 y，隱含在(7)式之中，因此，(7)式也可以看作是解答。 ■

伽利略 (Galileo, 1564～1643) 研究自由落體的運動，令 $S=S(t)$ 表示落距函數。由於在地球表面附近，自由落體可以看作是等加速度運動，所以我們知道 $S=S(t)$ 滿足二階微分方程式

$$\frac{d^2S}{dt^2}=g \tag{8}$$

其中 $g=9.8\ \mathrm{m/sec^2}$ 表示重力加速度。再配合兩個天然的初期條件

$$S(0)=0 \quad \text{（初位置）} \tag{9}$$

$$S'(0)=0 \quad \text{（初速度）} \tag{10}$$

就可以解出 $S=S(t)$。

對(8)式作一次積分，得到

$$\frac{dS}{dt}=gt+c_1$$

由 $S'(0)=0$ 得 $c_1=0$，所以

$$\frac{dS}{dt} = gt \tag{11}$$

再作積分，得到

$$S(t) = \frac{1}{2}gt^2 + c_2$$

由 $S(0) = 0$，得到 $c_2 = 0$，所以

$$S(t) = \frac{1}{2}gt^2 \tag{12}$$

這就是伽利略發現的**自由落體定律**。

在伽利略時代，由於微積分還未發明，故伽利略利用其他較繁瑣的辦法，推求出自由落體定律。微積分發明之後，我們就可以如上述的方式，簡潔明快地求得自由落體定律。微積分的威力令人激賞。

習　題　4–3

1. 設某質點在 t 時刻的位置為 $y(t)$，且 $y(t)$ 滿足

$$\frac{dy}{dt} = t^2 + 2t + 4$$

又已知 $t = 0$ 時，$y = 40$，試解此微分方程式。

2. 試解下列微分方程式：

(1) $\dfrac{dy}{dx} = 2y^2(4x^3 + 4x^{-3})$

(2) $\dfrac{dy}{dx} = xy^2$

3. 以初速度 v_0 垂直向上丟擲一石頭，設 $h(t)$ 表示 t 時刻石頭的高度，試求 $h(t)$。

4.在上題中，若石頭以仰角 θ 擲出，試求石頭運動的軌跡與擲程。再問 θ 等於幾度時，可得最大擲程？

第五章　定積分

為了探求面積、體積、曲線長度等幾何問題，人們發展出定積分的概念。定積分除了解決這些具體的幾何問題之外，其涵蓋面遠比這些幾何問題還要廣泛。

5–1　定積分的定義與計算

甲、定積分的意思：四部曲法

我們介紹定積分 $\int_a^b f(x)dx$ 的意思：

先考慮 $f(x)\geq 0,\ \forall x\in[a,\ b]$ 的情形。此時，定積分 $\int_a^b f(x)dx$ 在幾何上代表圖 5–1 陰影的面積。如何求算它呢?

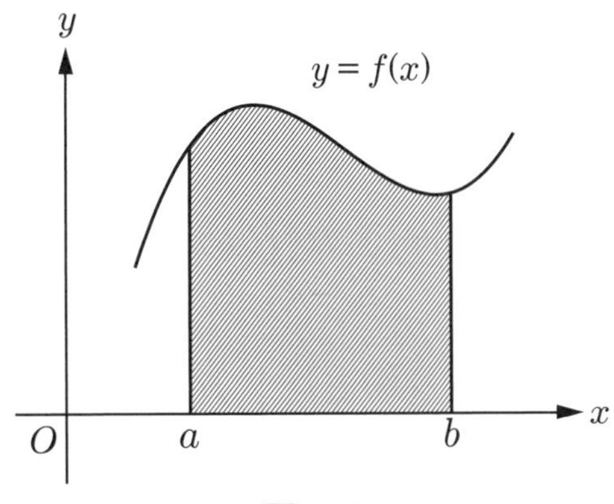

圖 5–1

這就涉及定積分的定義，分成四個步驟來做：(參見圖 5–2)

1. 將區間 $[a,\ b]$ 作分割（不必等分割）：

$$x_1=a<x_2<x_3<\cdots<x_n<x_{n+1}=b$$

2. 在每一小段 $[x_k,\ x_{k+1}]$ 中取一個樣本點 ξ_k：

$$x_k \leq \xi_k \leq x_{k+1},\ k=1,\ 2,\ \cdots,\ n$$

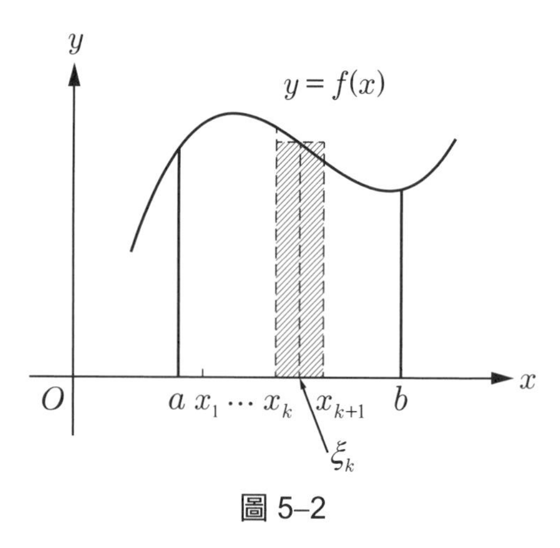

圖 5–2

3. 作近似和：

$$\sum_{k=1}^{n} f(\xi_k) \cdot \Delta x_k$$

4. 取極限：

$$\lim_{n \to \infty} \sum_{k=1}^{n} f(\xi_k) \cdot \Delta x_k$$

如果這個極限存在，就記此極限值為 $\int_a^b f(x)dx$，簡記為 $\int_a^b f$，並且稱之為函數 f 在區間 $[a,\ b]$ 上的定積分。此時我們也稱 f 在 $[a,\ b]$ 上是**可積分的** (integrable)。理論上可以證明，連續函數一定是可積分。

此處極限的意思是指：「讓分割的段數越來越多，且每一段的長都越來越小時的極限」。注意到，上述作法不必限定 $f \geq 0$，對一般足夠好的（例如連續的）f 照樣行得通，即積分就存在了。

我們把上述四個步驟稱為定積分的「四部曲」。

定　理

若 f 在 $[a, b]$ 上連續，則定積分 $\int_a^b f(x)dx$ 必存在。

讓我們舉阿基米得 (Archimedes, 287～212 B. C.) 當初所考慮的問題為例子，利用「四部曲」的辦法來求算面積。

例 1　求拋物線 $y=x^2$ 在 $[0, 1]$ 上所圍成區域的面積，即求 $\int_0^1 x^2dx$，參見圖 5–3。

為了計算方便起見，我們要稍微講究分割的技巧：

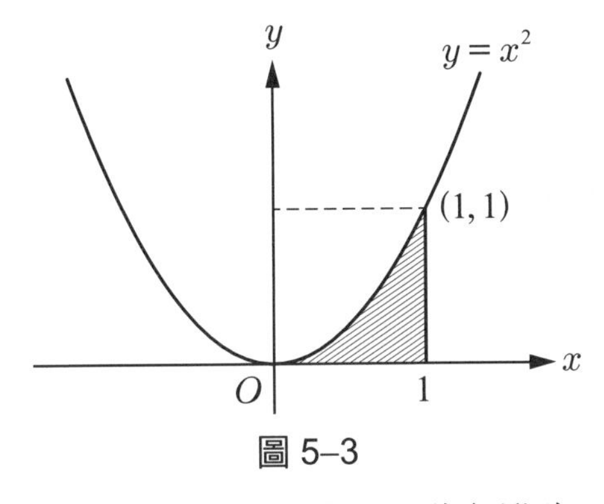

圖 5–3

1. 將區間 $[0, 1]$ 分割成 n 等分，即分割點為

$$0=x_1<\frac{1}{n}=x_2<\frac{2}{n}=x_3<\cdots<\frac{n}{n}=x_{n+1}=1$$

2. 取樣本點 ξ_k：$x_k\le\xi_k\le x_{k+1}$, $k=1, 2, \cdots, n$

3. 作近似和

$$R_n=\sum_{k=1}^{n}\xi_k^2\cdot\Delta x_k=\sum_{k=1}^{n}\xi_k^2\cdot\frac{1}{n}$$

4. 取極限

$$\lim_{n\to\infty}\sum_{k=1}^{n}\xi_k^2\cdot\frac{1}{n}$$

但是此極限值不好算，我們採用「裡外夾攻法」來克服這個困難。

在每一分割小段 $[x_k, x_{k+1}]$，取左端點當樣本點

$$\xi_k = x_k = \frac{k-1}{n},\ k = 1,\ 2,\ \cdots,\ n$$

就得到「不足的近似面積」

$$T_n = \sum_{k=1}^{n} (\frac{k-1}{n})^2 \cdot \frac{1}{n}$$

參見圖 5–4。

同理，若取右端點當樣本點

$$\xi_k = x_{k+1} = \frac{k}{n},\ k = 1,\ 2,\ \cdots,\ n$$

就得到「過剩的近似面積」

$$S_n = \sum_{k=1}^{n} (\frac{k}{n})^2 \cdot \frac{1}{n}$$

參見圖 5–5。

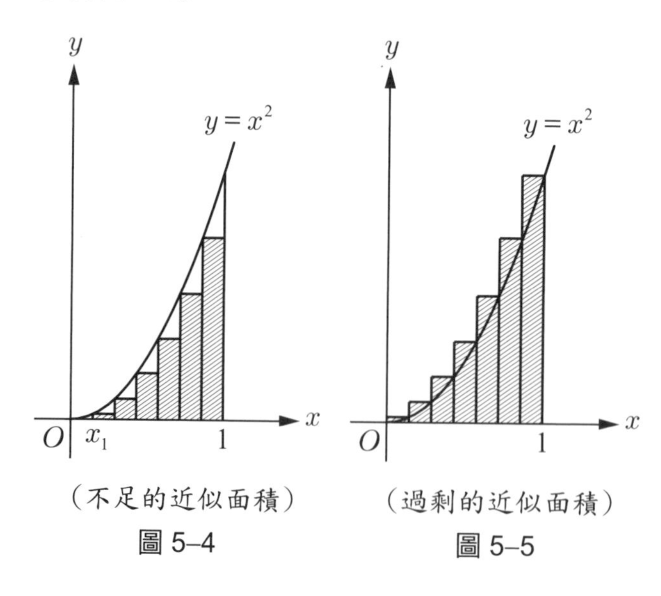

（不足的近似面積）
圖 5–4

（過剩的近似面積）
圖 5–5

顯然，$T_n \le R_n \le S_n$。利用公式

$$\sum_{k=1}^{n} k^2 = \frac{1}{6}n(n+1)(2n+1)$$

我們求得

$$T_n = \frac{(n-1)(2n-1)}{6n^2} = \frac{2n^2-n+1}{6n^2}$$

$$= \frac{2-\frac{1}{n}+\frac{1}{n^2}}{6}$$

及

$$S_n = \frac{(n+1)(2n+1)}{6n^2} = \frac{2n^2+3n+1}{6n^2}$$

$$= \frac{2+\frac{3}{n}+\frac{1}{n^2}}{6}$$

現在讓分割加細，使所有的 Δx_i 均趨近於 0，換言之，即令 $n \to \infty$，則得

$$\lim_{n\to\infty} T_n = \frac{1}{3} = \lim_{n\to\infty} S_n$$

因為 R_n 恆被夾在 T_n 與 S_n 之間，而兩頭趨近於一個共同的極限值 $\frac{1}{3}$，故根據夾擠原理，R_n 的極限值沒有其他選擇，也必為 $\frac{1}{3}$，亦即

$$\lim_{n\to\infty} R_n = \int_0^1 x^2 dx = \frac{1}{3}$$ ■

隨堂練習　試用上述「分割、取樣、求和、取極限」四部曲來求算出 $\int_0^1 x^3 dx$。

乙、微分法求算定積分

為了減輕用四部曲來求算積分的辛苦，人們開始尋找簡潔而有系統的求積分的方法，得到了微積分裡最重要的一個結果——微積分根本定理中的 Newton-Leibniz 公式：

若 $DF(x)=f(x),\ \forall x\in[a,\ b]$，則

$$\int_a^b f(x)dx=F(x)\Big|_a^b=F(b)-F(a) \tag{1}$$

這個公式告訴我們，要計算定積分 $\int_a^b f$，其步驟是先去找 f 的反導函數 F，即 F 滿足 $DF=f$，然後代入公式(1)就好了。基本上由求反導函數 F 來算積分，比由「四部曲」來算積分容易多了。

例 2　因為 $D(\frac{1}{3}x^3)=x^2$，故

$$\int_0^1 x^2dx=\frac{1}{3}x^3\Big|_0^1=\frac{1}{3}\cdot 1^3-\frac{1}{3}\cdot 0^3=\frac{1}{3}$$ ■

例 3　因為 $D(\frac{1}{4}x^4)=x^3$，故

$$\int_0^1 x^3dx=\frac{1}{4}x^4\Big|_0^1=\frac{1}{4}\cdot 1^4-\frac{1}{4}\cdot 0^4=\frac{1}{4}$$ ■

隨堂練習　求 $\int_2^5(4x^3-x^2)dx$。

丙、不定積分

不定積分 $\int f(x)dx$ 表示滿足 $DF = f$ 的所有函數 F。注意到，滿足 $DF = f$ 的 F 不唯一，但是它們之間至多只差一個常數。因此我們求算不定積分時，通常都再加個積分常數。

例 4 $\int x^2 dx = \frac{1}{3}x^3 + c$ ■

例 5 $\int x^3 dx = \frac{1}{4}x^4 + c$ ■

例 6 $\int x^n dx = \frac{1}{n+1}x^{n+1} + c,\ n \neq -1$ ■

（註：$n = -1$ 時，會涉及對數函數，留待下一章討論。）

丁、導微、不定積分、定積分之間的關係

總結上述，我們看出導微、不定積分、定積分之間具有很密切的關係。我們列出下面的對照表：

導微公式	不定積分公式	定積分公式
$D\frac{1}{n+1}x^{n+1} = x^n$ $(n \neq -1)$	$\int x^n dx = \frac{1}{n+1}x^{n+1} + c$	$\int_a^b x^n dx = \frac{1}{n+1}x^{n+1}\Big\vert_a^b = \frac{b^{n+1}}{n+1} - \frac{a^{n+1}}{n+1}$

例 7 因為 $D\frac{1}{9}x^9=x^8$，所以

$$\int x^8dx=\frac{1}{9}x^9+c$$

$$\int_1^3 x^8dx=\frac{1}{9}x^9\Big|_1^3=\frac{1}{9}(3^9-1^9)$$

$$=2186\frac{8}{9}$$

■

習 題 5–1

求下列的積分：

1. $\int_4^9 x\sqrt{x}\,dx$
2. $\int_{-1}^1 |x|dx$
3. $\int_0^3 (2x-7)dx$
4. $\int x^{\frac{7}{5}}dx$
5. $\int (x^2+x^3+x^4)dx$
6. $\int x^2(1+x^3)dx$
7. $\int (12x^5-3x^{-2})dx$
8. $\int \sqrt{x}(2-3x^2)^2dx$

5–2 定積分的性質

甲、疊合原理

為了有效地計算定積分，我們還必須使用一些求定積分的基本原理和方法，例如疊合原理、變數代換法、分部積分法、部分分式法……等等。這些都是由一些基本的導微公式對應來的。這些以後我們都會逐次介紹。

定　理 1

（疊合原理）

(1) $\int_a^b (f(x)+g(x))dx = \int_a^b f(x)dx + \int_a^b g(x)dx$。（加性）

(2) $\int_a^b c\cdot f(x)dx = c\int_a^b f(x)dx$，其中 c 為一常數。（齊性）　　(1)

＊**證明**　這是由微分的疊合原理：$D(F(x)+G(x)) = DF(x)+DG(x)$ 與 $D(cF(x)) = c\cdot DF(x)$，對應來的。

(1)令 F, G 使得

$$DF(x) = f(x),\ DG(x) = g(x)$$

則由 Newton-Leibniz 公式知

$$\int_a^b f(x)dx = F(b)-F(a),\ \int_a^b g(x)dx = G(b)-G(a)$$

因為

$$D(F(x)+G(x)) = DF(x)+DG(x) = f(x)+g(x)$$

故

$$\begin{aligned}\int_a^b (f(x)+g(x))dx &= (F(x)+G(x))\Big|_a^b \\ &= F(b)+G(b)-F(a)-G(a) \\ &= [F(b)-F(a)]+[G(b)-G(a)] \\ &= \int_a^b f(x)dx + \int_a^b g(x)dx\end{aligned}$$

(2)令 F 使得 $DF(x) = f(x)$，則

$$\int_a^b f(x)dx = F(b)-F(a)$$

因為

$$D(cF(x)) = cDF(x) = cf(x)$$

故

$$\int_a^b cf(x)dx = cF(x)\Big|_a^b = cF(b) - cF(a)$$

$$= c(F(b) - F(a)) = c\int_a^b f(x)dx \qquad ■$$

一般而言，定理 1 可以推廣成

$$\int_a^b (c_1 f_1(x) + c_2 f_2(x) + \cdots + c_n f_n(x))dx$$

$$= c_1\int_a^b f_1(x)dx + c_2\int_a^b f_2(x)dx + \cdots + c_n\int_a^b f_n(x)dx \tag{2}$$

並且利用數學歸納法就可以證明。

例 1 $\int_0^1 (1 - 6x + x^2)dx = \int_0^1 1 \cdot dx - 6\int_0^1 xdx + \int_0^1 x^2 dx$

$$= x\Big|_0^1 - 6\cdot\frac{1}{2}x^2\Big|_0^1 + \frac{1}{3}x^3\Big|_0^1$$

$$= 1 - 3\cdot(1-0) + \frac{1}{3}(1-0) = -\frac{5}{3} \qquad ■$$

乙、定積分上下限的對調

在定積分 $\int_a^b f(x)dx$ 中，通常我們都假設 $a < b$，並且 a 與 b 分別稱為積分的**下限**與**上限**。

今若 $a < c < b$，則按定積分的定義，可證得

$$\int_a^b f(x)dx = \int_a^c f(x)dx + \int_c^b f(x)dx \tag{3}$$

參見圖 5–6。

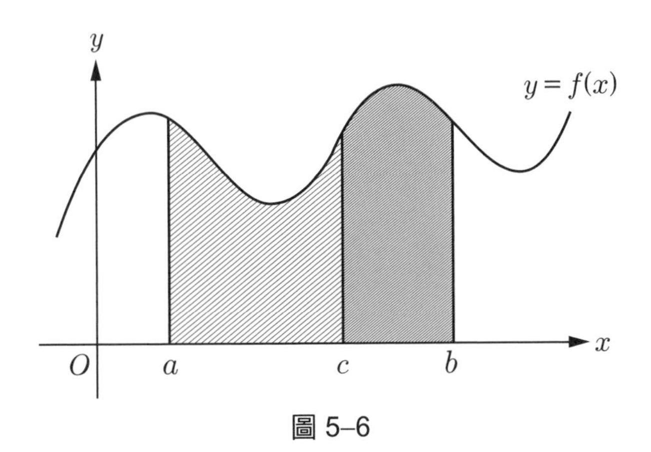

圖 5–6

為了使(3)式對任何實數 a, b, c 都成立，而不限於 $a<c<b$，我們規定：

$$\int_a^b f(x)dx = -\int_b^a f(x)dx \tag{4}$$

換言之，從 a 積分到 b 與從 b 積分到 a，所得的值恰好相差一個負號。

事實上，若 $a<b$，則由積分的定義知

$$\int_a^b f(x)dx = \lim \sum f(\xi_k)\cdot \Delta x_k$$

但在 $\int_b^a f(x)dx$ 的近似和中，Δx_k 變成負號，所以我們有(4)式。特別地

$$\int_a^a f(x)dx = 0 \tag{5}$$

利用(4)與(5)式，可證得(3)式對任意 a, b, c 皆成立。其次，我們也有：

若 f 與 g 在 $[a, b]$ 上可積分並且 $f(x)\leq g(x)$, $\forall x\in[a, b]$，則

$$\int_a^b f(x)dx \leq \int_a^b g(x)dx \tag{6}$$

特別地，若 $f(x)\geq 0,\ \forall x\in[a,\ b]$，則

$$\int_a^b f(x)dx\geq 0 \tag{7}$$

丙、定積分的面積解釋（本段皆假設 f 在 $[a,\ b]$ 上可積分）

按定積分的定義，當 $f(x)\geq 0,\ \forall x\in[a,\ b]$ 時，則 $\int_a^b f(x)dx$ 代表 f 在 $[a,\ b]$ 上所圍成區域的面積。

但是，當 $f(x)<0,\ \forall x\in[a,\ b]$ 時，則 $\int_a^b f(x)dx$ 算出來是一個負數，而面積恆為正數。因此，f 在 $[a,\ b]$ 上所圍成區域的面積是 $-\int_a^b f(x)dx$，參見圖 5–7。

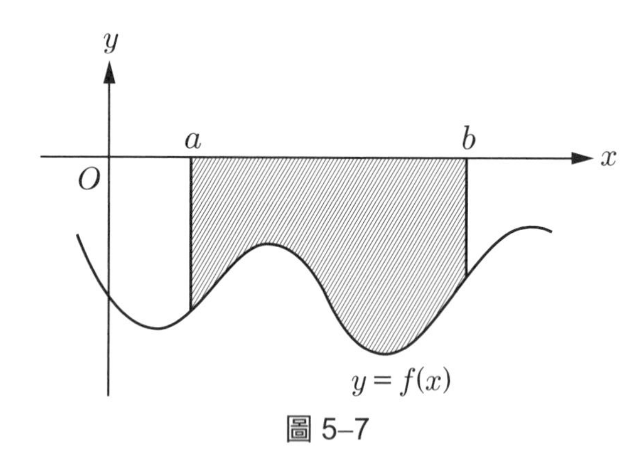

圖 5–7

換言之，$\int_a^b f(x)dx$ 代表圖 5–7 陰影區域的面積再加個負號。

一般而言，當 f 在 $[a,\ b]$ 上有正有負時，則定積分 $\int_a^b f(x)dx$ 就要分段考慮了。例如在圖 5–8 中，令 $A_1,\ A_2,\ A_3,\ A_4$ 分別表示 x 軸上下方

各區域的面積（恆正），則

$$\int_a^b f(x)dx = A_1 - A_2 + A_3 - A_4$$

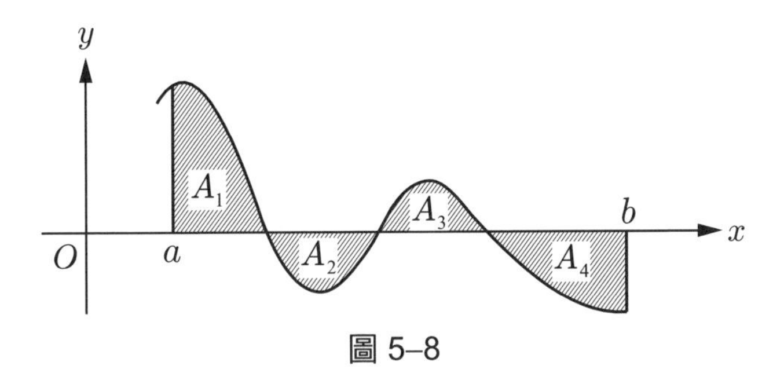

圖 5–8

丁、定積分的平均值定理

全班 50 人，某次考試過後，算得全班的（算術）平均分數是 80 分，那麼全班總分就是 $80 \times 50 = 4000$ 分，亦即

$$\sum_{k=1}^{50} x_k = 80 \times 50$$

其中 x_k 表示第 k 號的成績。

類推、連續化，就得到：

定　理 2

（積分的平均值定理）

設 f 為定義在 $[a, b]$ 上的連續函數，則存在 $\xi \in [a, b]$ 使得

$$\int_a^b f(x)dx = f(\xi) \cdot (b-a) \tag{8}$$

我們先看(8)式的幾何意義:

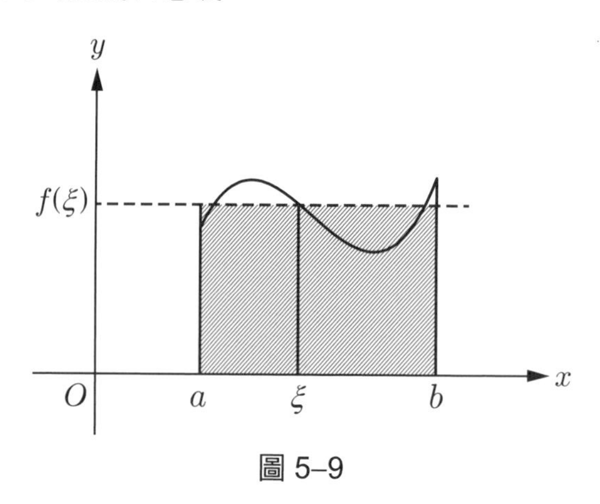

圖 5–9

因為由上面的公式知，斜線的面積等於 $\int_a^b f(x)dx$。由(8)式得

$$f(\xi)=\frac{\int_a^b f(x)dx}{b-a}$$

表示 $f(x)$ 在 $[a, b]$ 上的平均高度。

* **證明** 這需用到連續函數的基本性質。首先，因為 f 在閉區間 $[a, b]$ 上連續，故 f 在 $[a, b]$ 上取到最小值 m 與最大值 M，亦即

$$m\le f(x)\le M,\ \forall x\in[a, b] \tag{9}$$

並且存在 $\alpha, \beta\in[a, b]$ 使得

$$f(\alpha)=m, f(\beta)=M$$

對(9)式作積分得

$$m\cdot(b-a)\le\int_a^b f(x)dx\le M\cdot(b-a)$$

$$\therefore m\le\frac{1}{b-a}\int_a^b f(x)dx\le M$$

再由連續函數的中間值定理知，存在 ξ，介於 α 與 β 之間，從而介於 a 與 b 之間，使得

$$f(\xi)=\frac{1}{b-a}\int_a^b f(x)dx$$

因此

$$\int_a^b f(x)dx=f(\xi)\cdot(b-a)$$

證畢。 ■

＊ 戊、微積分根本定理的證明

定　理 3

（微積分根本定理）

設 f 為定義在區間 $[a, b]$ 上的連續函數。

(1)微分與積分的互逆性：

若 $G(x)=\int_a^x f(t)dt$，則 $DG(x)=f(x),\ \forall x\in[a, b]$

(2)牛頓－萊布尼茲 (Newton-Leibniz) 公式：

若 $DF(x)=f(x),\ \forall x\in[a, b]$，則

$$\int_a^b f(x)dx=F(x)\Big|_a^b=F(b)-F(a) \tag{10}$$

證明 (1) $D_+G(x)=\lim\limits_{\Delta x\to 0^+}\dfrac{G(x+\Delta x)-G(x)}{\Delta x}$

$$=\lim_{\Delta x\to 0^+}\frac{\int_a^{x+\Delta x}f(t)dt-\int_a^{x}f(t)dt}{\Delta x}$$

$$=\lim_{\Delta x\to 0^+}\frac{\int_x^{x+\Delta x}f(t)dt}{\Delta x}$$

$$=\lim_{\Delta x\to 0^+}\frac{f(\xi)\cdot\Delta x}{\Delta x}$$

（其中 ξ 介於 x 與 $x+\Delta x$ 之間）

$$=\lim_{\Delta x\to 0^+}f(\xi)=f(x)$$

（∵當 $\Delta x\to 0$ 時，$\xi\to x$，再配合 f 的連續性）

同理可證

$$D_-G(x)=\lim_{\Delta x\to 0^-}\frac{G(x+\Delta x)-G(x)}{\Delta x}$$

$$=f(x)$$

$\therefore DG(x)=f(x)$

(2)由 $DF(x)=f(x)$ 及 $DG(x)=f(x)$，故知 F 與 G 都是 f 的反導函數，從而由微分方程根本補題（見 4–1 節定理 1 及定理 2）知 $F(x)=G(x)+c$，所以特別地

$$\begin{array}{rl} & F(b)=G(b)+c \\ -) & F(a)=G(a)+c \\ \hline \therefore & F(b)-F(a)=G(b)-G(a) \end{array}$$

但是 $G(b)=\int_a^b f(x)dx,\ G(a)=0$，於是

$$\int_a^b f(x)dx=F(b)-F(a)$$

■

例 2　求 $\lim_{h\to 0}\frac{1}{h}\int_2^{2+h}\sqrt{1+x^2}\,dx$。

解　定義 $F(x)\equiv\int_0^x\sqrt{1+t^2}\,dt$，則 $F'(x)=\sqrt{1+x^2}$。

於是 $\lim_{h\to 0}\frac{1}{h}\int_2^{2+h}\sqrt{1+t^2}\,dt$

$$=\lim_{h\to 0}\frac{F(2+h)-F(2)}{h}$$

$$=F'(2)=\sqrt{5}$$ ■

例 3　求 f 使得 $\int_0^x f(t)dt=x^2+3x$。

解　對上式兩邊微分得

$f(x)=2x+3$ ■

隨堂練習　(1)求 $\lim_{x\to 0}\frac{1}{x}\int_0^x(t^2+1)dt$。

(2)求 f 及 c 使 $\int_c^x f(t)dt=\frac{1}{2}(1-x^2)$。

習　題　5–2

1. 設 $f_1, f_2, \cdots, f_n$ 為定義在 $[a, b]$ 上的 n 個連續函數，$c_1, c_2, \cdots, c_n$ 為 n 個實數，試用數學歸納法證明

$$\int_a^b(c_1f_1+c_2f_2+\cdots+c_nf_n)=c_1\int_a^b f_1+c_2\int_a^b f_2+\cdots+c_n\int_a^b f_n$$

2. 試證明 $D\int_x^b f(t)dt=-f(x)$。

3. 求積分：

(1) $\int_0^1 x(x^2+2)^3 dx$　　(2) $\int_{-2}^4 (8-4x+x^2)dx$

4. 求 $y=x^2+2x+1$, $x=-1$, $x=1$ 與 x 軸所圍成區域的面積。

5–3　曲線所圍領域的面積

本節我們討論平面上兩條曲線所圍成領域的面積之求算，這也是積分的拿手問題。

假設 f 與 g 為定義在 $[a, b]$ 上的兩個連續函數，並且

$$f(x) \geq g(x),\ \forall x \in [a, b]$$

考慮兩曲線 $y=f(x)$, $y=g(x)$ 與直線 $x=a$, $x=b$ 所圍成的領域，參見圖 5–10，我們欲求此領域的面積。

如圖 5–10，縱截線長條的面積為 $[f(x)-g(x)]dx$，故總面積為

$$A=\int_a^b [f(x)-g(x)]dx \tag{1}$$

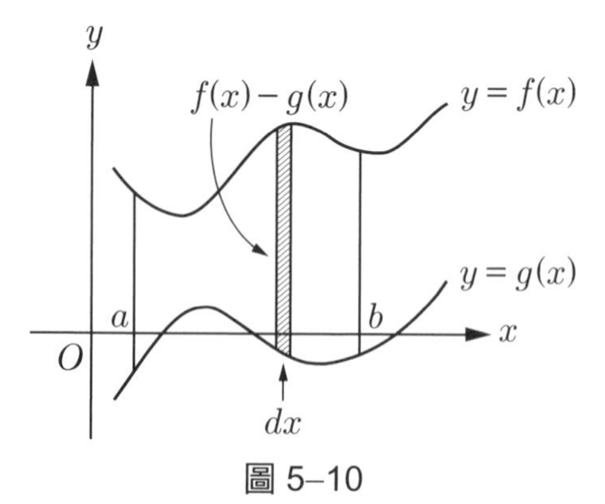

圖 5–10

例 1　求 $y=x^2$ 與 $y=4$ 所圍成領域的面積。

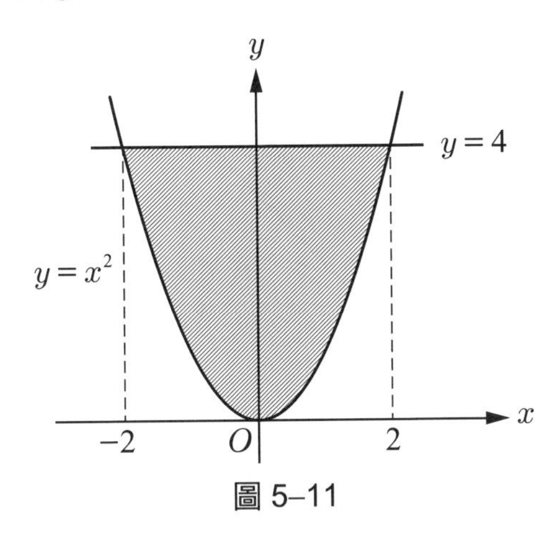

圖 5–11

解　斜線領域的面積為

$$\int_{-2}^{2}(4-x^2)dx=(4x-\frac{1}{3}x^3)\Big|_{-2}^{2}$$

$$=(8-\frac{8}{3})-(-8+\frac{8}{3})$$

$$=\frac{32}{3}$$

我們也可以利用對稱性計算如下：

$$2\int_{0}^{2}(4-x^2)dx=2(4x-\frac{1}{3}x^3)\Big|_{0}^{2}$$

$$=2(8-\frac{8}{3})=\frac{32}{3}$$

另外，我們可以採用橫截長條面積之積分法，求算如下：

$$\int_{0}^{4}[\sqrt{y}-(-\sqrt{y})]dy=\int_{0}^{4}2\sqrt{y}dy$$

$$=\frac{4}{3}y^{\frac{3}{2}}\Big|_{0}^{4}=\frac{32}{3}$$

■

例 2 求曲線 $y=3-x^2$ 與 $y=x+1$ 所圍成領域的面積。

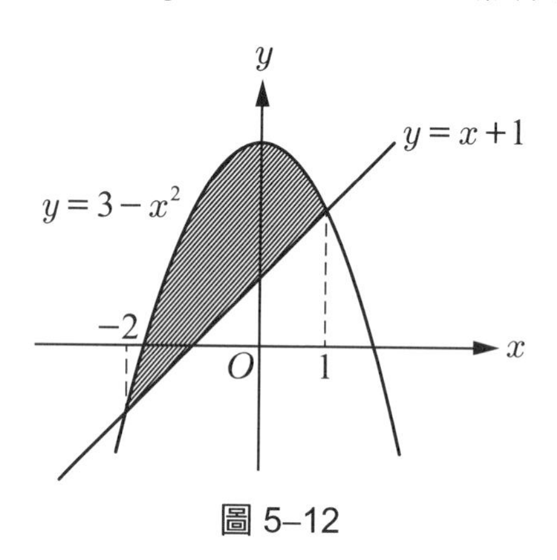

圖 5–12

解 先求兩曲線的交點，即解兩曲線的聯立方程式得

$3-x^2=x+1$

$x^2+x-2=0$

$(x+2)(x-1)=0$

$\therefore x=-2$ 或 1

因此，交點為 $(-2,-1)$ 與 $(1,2)$。圖 5–12 斜線領域的面積為

$$\int_{-2}^{1}[(3-x^2)-(x+1)]dx=\int_{-2}^{1}(2-x^2-x)dx$$

$$=(2x-\frac{1}{3}x^3-\frac{1}{2}x^2)\Big|_{-2}^{1}$$

$$=(2-\frac{1}{3}-\frac{1}{2})-(-4+\frac{8}{3}-2)$$

$$=4\frac{1}{2}$$

■

習 題 5–3

求下列曲線所圍成領域的面積:

1. $y = x^2,\ y = 2x$
2. $y = x^2,\ x = y^2$
3. $y = x^2 + 2,\ y = 4 - x^2$
4. $y = x^2 - 2x,\ y = 3$
5. $x = y^2,\ y = x + 3,\ y = -2,\ y = 1$
6. $y = x^3,\ y = 2x - x^2$
7. $y = x^2 + 1,\ y = 3 - x^2,\ x = -2,\ x = 2$
8. $x = 8 - y^2,\ x = y^2 - 8$

第六章　指數函數與對數函數

6-1　指數函數與對數函數的微分法

6-2　指數函數與對數函數的積分法

6-3　應用：消長現象

在本書第二冊第十二章中，我們已經介紹過以 a 為底（$a>0$ 且 $a\neq 1$）的指數函數

$$y=f(x)=a^x,\ x\in\mathbb{R}$$

與對數函數

$$y=g(x)=\log_a x,\ x>0$$

並且我們知道它們互為反函數。

特別地，當 a 取為神奇的數 e 時，

$$e=\lim_{n\to\infty}(1+\frac{1}{n})^n=2.71828\cdots \tag{1}$$

我們就得到自然指數函數

$$y=f(x)=e^x,\ x\in\mathbb{R}$$

與自然對數

$$y=g(x)=\ln x,\ x>0$$

（註：我們將 $\log_e x$ 簡記為 $\ln x$。）

本章我們要對這些函數施展微分與積分的演算，並且探討其應用。

6–1　指數函數與對數函數的微分法

從理論上，我們可以證明指數函數 $f(x)=e^x$ 與對數函數 $g(x)=\ln x$ 都是連續函數（其證明超乎本課程範圍，故從略）。進一步，它們也都是可微分函數。

甲、自然指數函數與自然對數函數的微分

本段我們要來求導函數 De^x 及 $D\ln x$，

首先我們考慮 $y=e^x$ 的微分。根據微分的定義

$$De^x=\lim_{\Delta x\to 0}\frac{e^{x+\Delta x}-e^x}{\Delta x}$$

$$=\lim_{\Delta x\to 0}e^x\cdot(\frac{e^{\Delta x}-1}{\Delta x})$$

$$=e^x\lim_{\Delta x\to 0}\frac{e^{\Delta x}-1}{\Delta x}$$

因此，只要會求算極限 $\lim_{\Delta x\to 0}\frac{e^{\Delta x}-1}{\Delta x}$ 就可以求出自然指數函數的導函數了。

例 1 (1) $\lim_{\Delta x\to 0}\frac{e^{\Delta x}-1}{\Delta x}=1$ (2)

(2) $\lim_{h\to 0}\frac{\ln(1+h)}{h}=1$ (3)

證明 令 $e^{\Delta x}=1+h$，兩邊取自然對數得

$\Delta x=\ln(1+h)$

容易看出

$\Delta x\to 0\Leftrightarrow h\to 0$

故

$$\lim_{\Delta x\to 0}\frac{e^{\Delta x}-1}{\Delta x}=\lim_{h\to 0}\frac{h}{\ln(1+h)}=\frac{1}{\lim_{h\to 0}\frac{\ln(1+h)}{h}}$$

所以我們只要證明 $\lim_{h\to 0}\frac{\ln(1+h)}{h}=1$，則(2)、(3)兩式就同時都證明了。今因

$$\lim_{h\to 0}\frac{\ln(1+h)}{h}=\lim_{h\to 0}\ln(1+h)^{\frac{1}{h}}$$

令 $h=\frac{1}{n}$，則 $h\to 0\Leftrightarrow n\to\infty$

於是由(1)式知

$$\lim_{h\to 0}(1+h)^{\frac{1}{h}}=\lim_{n\to\infty}(1+\frac{1}{n})^{n}=e$$

從而

$$\lim_{\Delta x\to 0}\frac{e^{\Delta x}-1}{\Delta x}=\lim_{h\to 0}\frac{h}{\ln(1+h)}=\frac{1}{\ln e}=1$$ ■

例 2 $\lim_{x\to 1}\frac{\ln x}{x-1}=?$

解 令 $h=x-1$ 則 $x=h+1$，且 $x\to 1\Leftrightarrow h\to 0$，於是

$$\lim_{x\to 1}\frac{\ln x}{x-1}=\lim_{h\to 0}\frac{\ln(1+h)}{h}=1$$ ■

定　理 1

$$De^{x}=e^{x} \tag{4}$$

證明 $De^{x}=e^{x}\cdot\lim_{\Delta x\to 0}\frac{e^{\Delta x}-1}{\Delta x}=e^{x}$ ■

換句話說，自然指數函數的導函數等於自身！（歷劫不變）這是最簡單的一個微分公式，但是卻非常重要！

其次，我們考慮自然對數函數 $y=\ln x$ 的導函數：

$$D\ln x = \lim_{\Delta x\to 0}\frac{\ln(x+\Delta x)-\ln x}{\Delta x}$$

$$= \lim_{\Delta x\to 0}\frac{\ln(\frac{x+\Delta x}{x})}{\Delta x}$$

$$= \lim_{\Delta x\to 0}\frac{1}{x}\frac{\ln(1+\frac{\Delta x}{x})}{(\frac{\Delta x}{x})}$$

$$= \frac{1}{x}\lim_{\Delta x\to 0}\ln(1+\frac{\Delta x}{x})^{\frac{x}{\Delta x}}$$

今令 $\frac{1}{n}=\frac{\Delta x}{x}$ 則 $\Delta x\to 0 \Leftrightarrow n\to\infty$。於是

$$\lim_{\Delta x\to 0}\ln(1+\frac{\Delta x}{x})^{\frac{x}{\Delta x}}$$

$$=\lim_{n\to\infty}\ln(1+\frac{1}{n})^{n}$$

但是由於 ln 為一個連續函數，故 lim 與 ln 可以交換（參見第一章），因此上式極限

$$\lim_{n\to\infty}\ln(1+\frac{1}{n})^{n}=\ln[\lim_{n\to\infty}(1+\frac{1}{n})^{n}]$$

$$=\ln e=1$$

從而我們得到下面的結果：

定　理 2

(1) $D\ln x=\frac{1}{x},\ x>0$ (5)

(2) $D\ln|x|=\frac{1}{x},\ \forall x\neq 0$ (6)

證明　只需證明(2)：當 $x>0$ 時

$$D\ln|x|=D\ln x=\frac{1}{x}$$

當 $x<0$ 時

$$D\ln|x| = D\ln(-x)$$

$$= \frac{1}{-x}\cdot D(-x)$$

$$= \frac{1}{-x}\cdot(-1) = \frac{1}{x}$$ ■

乙、一般指數函數與對數函數的微分

首先求指數函數 $y=a^x$ 的導函數：

$$Da^x = \lim_{\Delta x\to 0}\frac{a^{x+\Delta x}-a^x}{\Delta x}$$

$$= a^x \lim_{\Delta x\to 0}\frac{a^{\Delta x}-1}{\Delta x}$$

因此只要再求出極限值

$$\lim_{\Delta x\to\infty}\frac{a^{\Delta x}-1}{\Delta x}$$

就好了。

例 3 $\lim_{\Delta x\to 0}\frac{a^{\Delta x}-1}{\Delta x} = \ln a$

證明 令 $a^{\Delta x}-1=h$

則 $h\to 0 \Leftrightarrow \Delta x\to 0$。由 $a^{\Delta x}=1+h$，兩邊取對數得

$$\Delta x\ln a = \ln(1+h)$$

於是 $\Delta x = \frac{1}{\ln a}\ln(1+h)$，從而

$$\lim_{\Delta x\to 0}\frac{a^{\Delta x}-1}{\Delta x} = \lim_{h\to 0}\frac{h}{\frac{\ln(1+h)}{\ln a}} = \ln a\cdot\lim_{h\to 0}\frac{h}{\ln(1+h)}$$

$$= \ln a$$（由例 1 之(3)式） ■

因此我們得到下面的結果：

定　理 3

$$Da^x = a^x \ln a \tag{7}$$

對於(7)式，我們也可以採用換底法及連鎖規則來推導：

$$Da^x = De^{x\ln a} = e^{x\ln a} \cdot \ln a = e^x \cdot \ln a$$

其次，我們計算 $D\log_a x$。由對數換底公式知

$$\log_a x = \frac{\ln x}{\ln a} = (\log_a e)\ln x$$

於是

$$D\log_a x = (\log_a e)D\ln x = (\log_a e) \cdot \frac{1}{x}$$

例 4　設 α 為實數，因為

$$x^\alpha = e^{\ln x^\alpha} = e^{\alpha \ln x}$$

所以由連鎖規則得

$$Dx^\alpha = De^{\alpha \ln x} = e^{\alpha \ln x} \cdot D(\alpha \ln x)$$

$$= x^\alpha \cdot \frac{\alpha}{x} = \alpha x^{\alpha-1} \tag{8}$$ ■

定　理 4

$$D\log_a x = \frac{1}{x} \cdot \log_a e \tag{9}$$

例 5　$D4^x = 4^x \cdot \ln 4$

$D10^x = 10^x \cdot \ln 10$

$D2^{x+2} = D(4 \cdot 2^x) = 4 \cdot 2^x \ln 2$

$$D\log_2 x = \frac{1}{x}\log_2 e$$

$$D\log_5 x^2 = 2D\log_5 x = 2\cdot\frac{1}{x}\log_5 e$$

$$De^{x^2} = 2xe^{x^2}$$

$$De^{\frac{1}{x}} = (-\frac{1}{x^2})e^{\frac{1}{x}}$$ ■

我們知道指數函數與對數函數互為反函數，即 $\ln = \exp^{-1}$。由反函數的微分公式，只要我們會求其中一個的微分，另一個就會做了。我們舉兩個例子來說明：

例 6　由於 $De^y = e^y$，且若 $y = \ln x$ 則 $x = e^y$，因此

$$D\ln x = \frac{1}{De^y} = \frac{1}{e^y} = \frac{1}{x}$$ ■

例 7　由於 $Da^y = a^y \ln a$，且若 $y = \log_a x$，則 $x = a^y$，因此

$$D\log_a x = \frac{1}{Da^y} = \frac{1}{a^y \ln a} = \frac{1}{\ln a}\cdot\frac{1}{x}$$

$$= \frac{1}{x}\cdot\log_a e$$ ■

習　題　6–1

1. 試證明 $\lim\limits_{n\to\infty}(1+\frac{r}{n})^n = e^r$。
2. 試證明 $\lim\limits_{n\to\infty}(1-\frac{r}{n})^n = e^{-r}$。
3. 求曲線 $y = e^x$ 在 $x = 0$ 時的切線斜率及切線方程式。

4. 求下列各函數之導函數：

(1) $\log_3 x^6$　　(2) e^{x+8}

(3) $\log_2 x^3 + \log_2 x^5$　　(4) 6^{x-2}

(5) $x^2 e^x$　　(6) $(2x^2 - 2x + 1)e^{2x}$

(7) $e^{\frac{1}{x^2}} + \dfrac{1}{e^{x^2}}$　　(8) e^{e^x}

（註：e^{x^2} 不是 $(e^x)^2$，而是 e 的 x^2 次方。同理 e^{e^x} 也不是 $(e^e)^x$，而是 e 的 e^x 次方。）

6–2　指數函數與對數函數的積分法

在第四章與第五章裡，我們已經介紹過，有一個**微分公式**

$$DF(x) = f(x) \tag{1}$$

就對應有一個**不定積分（反微分）公式**

$$\int f(x)dx = F(x) + c \tag{2}$$

與一個**定積分公式**

$$\int_a^b f(x)dx = F(x)\Big|_a^b = F(b) - F(a) \tag{3}$$

我們不妨稱它們為**三合一公式**。

特別地，對於指數函數與對數函數而言，我們可以列出下面的三合一公式表：

微分公式	不定積分公式	定積分公式
$De^x = e^x$	$\int e^x dx = e^x + c$	$\int_\alpha^\beta e^x dx = e^x\Big\|_\alpha^\beta = e^\beta - e^\alpha$
$D\ln\|x\| = \frac{1}{x}$	$\int \frac{1}{x} dx = (\ln\|x\|) + c$	$\int_\alpha^\beta \frac{1}{x} dx = \ln x\Big\|_\alpha^\beta = \ln\beta - \ln\alpha$ 其中 $\beta > \alpha > 0$
$Da^x = a^x \cdot \ln a$	$\int a^x dx = \frac{1}{\ln a} \cdot a^x + c$	$\int_\alpha^\beta a^x dx = \frac{1}{\ln a} a^x\Big\|_\alpha^\beta = \frac{1}{\ln a}(a^\beta - a^\alpha)$

（註：關於 $D\log_a x = \frac{1}{x}\log_a e$ 所相應的積分公式並不需要列出，因為它已含納於上表之中。）

例 1　因為 $De^{5x} = 5e^{5x}$，所以

$$\int e^{5x} dx = \frac{1}{5} e^{5x} + c$$

$$\int_2^5 e^{5x} dx = \frac{1}{5} e^{5x}\Big|_2^5 = \frac{1}{5}(e^{25} - e^{10})$$ ■

例 2　因為 $D(x\ln x - x) = \ln x$，所以

$$\int \ln x dx = x\ln x - x + c$$

$$\int_1^b \ln x dx = (x\ln x - x)\Big|_1^b = b\ln b - b + 1$$ ■

習 題 6–2

1. 求下列不定積分：

(1) $\int e^{3x}dx$　　(2) $\int xe^{-x^2}dx$

(3) $\int 6x^2e^{x^3}dx$　　(4) $\int \frac{3}{e^{2x}}dx$

(5) $\int \frac{dx}{3x+1}$　　(6) $\int \frac{x+1}{x}dx$

(7) $\int \frac{\ln x}{x}dx$　　(8) $\int \frac{1}{x\ln x}dx$

2. 求下列定積分：

(1) $\int_{-1}^{1} x^3e^{-x^4}dx$　　(2) $\int_{0}^{1} xe^{x^2}dx$

(3) $\int_{1}^{5} \frac{2}{x}dx$　　(4) $\int_{0}^{2} \frac{dx}{x+1}$

(5) $\int_{2}^{4} \frac{x}{x+1}dx$　　(6) $\int_{0}^{4} \frac{dx}{3x+1}$

6–3　應用：消長現象

在自然界中，有許多事物的消長，可以用一階微分方程式的模型來加以（近似的）描述，譬如人口、菌口的成長，放射性物質的衰變 (decay) 等等。

例 1　（人口成長的模型）

譬如說，我們要建立人口成長的模型。我們假設人口成長的速率

與當時的人口數成正比。也就是說，若以 $y(t)$ 代表 t 時刻的人口數，那麼我們就有成長方程式

$$\frac{dy}{dt}=ky \tag{1}$$

其中 k 為比例常數。如果 k 是正數，則代表人口是遞增的；如果 k 是負數，則表示人口遞減。因此，人口是一種消長現象。

如何求解(1)式呢？將(1)式變形成

$$\frac{dy}{y}=k\ dt$$

兩邊作積分

$$\int\frac{dy}{y}=\int k\ dt$$

亦即

$$\ln y=kt+c_1$$

$$\therefore y=e^{kt+c_1}=ce^{kt} \tag{2}$$

其中 $c=e^{c_1}$。這就是(1)式的解答。

如果進一步知道初期條件，例如時刻 $t=0$ 的人口是 30 億，即

$y(0)=3\times10^9$ 人

代入(2)式求得

$$c=3\times10^9$$

$$\therefore y(t)=3\times10^9\cdot e^{kt} \tag{3}$$

上式的比例常數 k 可以由統計數據概略估計，譬如說，當人口 30 億時，若一年可增加五千四百萬人，那麼我們算得 k 為

$$k=\frac{54\times10^6}{3\times10^9}=0.018=1.8\%$$

從而(3)式的解答就完全清楚明白了：

$$y(t)=3\times10^9\cdot e^{0.018t} \tag{4}$$ ■

有了這個解答，我們就可以對人口問題作進一步的研究和預測。我們看下例：

例 2 假設四分之一英畝所產之糧食僅能供給一千個人食用，而地球上的可耕地面積有一千萬英畝，所以世界人口不能超過四百億。我們假設 1965 年為 $t=0$，當時人口有 30 億，那麼何時世界人口將達飽和?

解 根據例 1 可知，人口函數 $y(t)$ 為 $y(t)=3\times 10^9\cdot e^{0.018t}$。我們要找 t 使得 $y(t)=40\times 10^9$，或者說找 t 使得

$$40\times 10^9=3\times 10^9 e^{0.018t}$$

解此方程式

$$e^{0.018t}=\frac{40\times 10^9}{3\times 10^9}=13.3$$

兩邊取對數得到

$0.018t=\ln 13.3=2.588$（查自然對數表）

所以 $t=144$。於是知道在 $1965+144=2109$ 年時世界人口將達飽和點。 ■

（註：這是 Malthus 對人類悲觀的理由。）

例 3 牛頓假設物體溫度的改變速率與物體本身及周圍的溫差成正比，這叫做**牛頓的冷卻律**。今設 $T(t)$ 表 t 時刻物體的溫度，而周圍的溫度固定為 m，那麼我們有

$$\frac{dT}{dt}=k(T-m) \tag{5}$$

這就是冷卻律的數學定式化 (formulation)。我們求解如下：

$$\frac{dT}{T-m}=k\ dt$$

兩邊積分

$$\int \frac{dT}{T-m}=\int k\ dt$$

$$\ln(T-m)=kt+c_1$$

$$\therefore T(t)=m+ce^{kt} \tag{6}$$

這就是(5)式的解答。 ■

例 4　假設有一個 100°C 的銅球，在 $t=0$ 時置入 30°C 的水中，經過 3 分鐘後，此球的溫度降為 70°C。問此球溫度欲降為 31°C，需時多少?

解　已知 $T(0)=100,\ m=30$，代入(6)式中，求得 $c=70$

所以

$$T(t)=30+70e^{kt}$$

又由 $T(3)=70e^{3k}+30=70$ 得 $k=\frac{1}{3}\ln(\frac{4}{7})=-0.1865$（查對數表）

因此

$$T(t)=70e^{-0.1865t}+30$$

欲 $T=31°C$ 則 $70e^{-0.1865t}=1$，解得

$$t=\frac{\ln 70}{0.1865}=22.78$$

故約需時 23 分鐘。 ■

例 5 （一階化學反應）

設某物質開始化學反應時的量為 a，而在 t 時刻此物質已參與反應的量為 $x(t)$。對於某些化學反應，我們可以假設反應速率跟當時刻未反應的剩餘物質之量成正比，於是我們得到微分方程

$$\frac{dx}{dt}=k(a-x) \tag{7}$$

及初期條件 $x(0)=0$

其中 k 為比例常數。我們求解(7)式如下：

$$\frac{dx}{a-x}=k\ dt$$

積分得

$$\int\frac{dx}{a-x}=\int k\ dt$$

亦即 $-\ln(a-x)=kt+c_1$

$$\therefore a-x=e^{-kt-c_1}=ce^{-kt}$$

其中 $c=e^{-c_1}$。由初期條件得 $c=a$

$$\therefore x(t)=a(1-e^{-kt})$$

■

例 6 由經驗得知，自由落體越落越快。伽利略當初研究這個現象時，曾經作了兩個假設：

(1)速度 $v\propto$ 落距 S

(2)速度 $v\propto$ 時間 t

很快發現(1)是不可能的，現在我們可以利用微分方程式來說明這件事：(1)的假設就是

$$\frac{dS}{dt}=kS$$

解得

$S(t)=Ae^{kt}$

自由落體的初期條件是 $S(0)=0$，故得 $A=0$

亦即

$S(t)\equiv 0$

因此，石頭放手後，一動也不動！這是矛盾的，故假設(1)是不可能的。其次考慮假設(2)：

$v\propto t$

比例常數為重力加速度 g，即

$$\frac{dS}{dt}=v=gt$$

由此解出

$$S=\frac{1}{2}gt^2+c$$

但由 $S(0)=0$ 得 $c=0$，即

$$S=\frac{1}{2}gt^2$$

這就是自由落體的落距公式。■

習　題　6–3

1. 鐳的衰變率與當時刻的量成正比，又設鐳放射經過 1600 年後變成一半。今有 2 克鐳，問經過 100 年後剩下多少？
2. ${}_6C^{14}$ 為碳的三個同位素之一，是一種放射性物質，其半衰期為 5570 年，如果一塊生物的化石，其內 ${}_6C^{14}$ 的含量為當此生物活著時含量的一半，那麼我們可以推論到這塊化石約有 5570 年之久，如果以 A_0 表示死亡當時物體中 ${}_6C^{14}$ 之含量，A 為此（不知年代的）物體現在 ${}_6C^{14}$ 的含量，那麼此物體之時代應為多少年以前？

第七章　三角函數與雙曲函數

本章我們探討六個三角函數以及相關的反三角函數、雙曲函數之微分與積分。

首先是正弦函數的微分：

$$
\begin{aligned}
D\sin x &= \lim_{\Delta x\to 0}\frac{\sin(x+\Delta x)-\sin x}{\Delta x}\\
&= \lim_{\Delta x\to 0}\frac{\sin x\cos\Delta x+\cos x\sin\Delta x-\sin x}{\Delta x}\\
&= \lim_{\Delta x\to 0}[\sin x(\frac{\cos\Delta x-1}{\Delta x})+\cos x(\frac{\sin\Delta x}{\Delta x})]\\
&= \sin x\cdot\lim_{\Delta x\to 0}\frac{\cos\Delta x-1}{\Delta x}+\cos x\cdot\lim_{\Delta x\to 0}\frac{\sin\Delta x}{\Delta x}
\end{aligned}
$$

由此看出，我們必須先探求下面兩個極限值：

$$\lim_{\theta\to 0}\frac{\sin\theta}{\theta}\quad 與\quad \lim_{\theta\to 0}\frac{\cos\theta-1}{\theta}$$

7–1　三角函數的微分法

我們可以證明六個三角函數都是連續函數。下面我們只證明 $\sin x$ 與 $\cos x$ 的連續性，其餘留作習題。

因為 $\sin(x+h)=\sin x\cos h+\cos x\sin h$，所以只需先求極限

$$\lim_{h\to 0}\sin h \text{ 及 } \lim_{h\to 0}\cos h$$

今因 $0<\sin h<h,\ \forall\ 0<h<\frac{\pi}{2}$，所以

$$\lim_{h\to 0^+}\sin h=0$$

又 $\displaystyle\lim_{h\to 0^-}\sin h=\lim_{-h\to 0^+}-\sin(-h)=0$

$$\therefore\lim_{h\to 0}\sin h=0$$

又因

$$\lim_{h\to 0} \cos h = \lim_{h\to 0} \sqrt{1-\sin^2 h} = 1$$

所以

$$\lim_{h\to 0} \sin(x+h) = \sin x$$

即 $\sin x$ 為連續函數。

同理可證 $\cos x$ 亦為連續函數。

甲、正餘弦三角函數的微分

要講三角函數的微分，下面這個極限公式（例 1）非常重要:

例 1 $\lim_{\theta\to 0} \frac{\sin\theta}{\theta} = 1$

這表示當 θ 越來越小時，$\overline{PM}$ 與弧長 $\widehat{PQ}$ 越來越接近（見圖 7–1）。

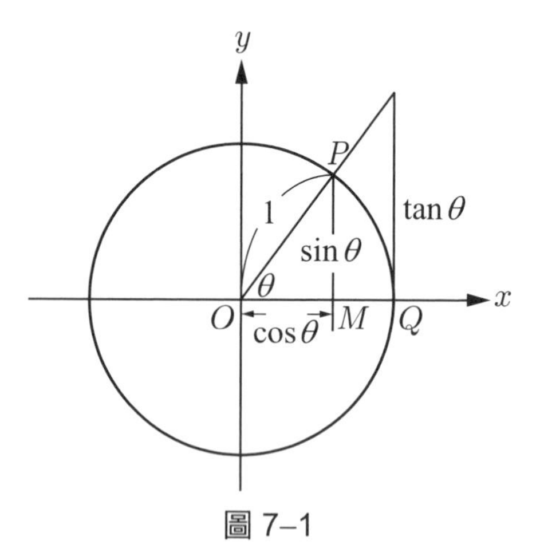

圖 7–1

證明 在圖 7–1 中，考慮單位圓中扇形及兩個三角形的面積:

$\frac{1}{2}\theta,\ \frac{1}{2}\sin\theta\cos\theta,\ \frac{1}{2}\tan\theta$

顯然有 $\frac{1}{2}\sin\theta\cos\theta < \frac{1}{2}\theta < \frac{1}{2}\tan\theta$

於是 $\cos\theta < \frac{\theta}{\sin\theta} < \frac{1}{\cos\theta}$

從而 $\frac{1}{\cos\theta} > \frac{\sin\theta}{\theta} > \cos\theta$

此式對於 $0<\theta<\frac{\pi}{2}$ 均成立，同時對於 $0>\theta>-\frac{\pi}{2}$ 亦成立。

因 $\lim_{\theta\to 0}\frac{1}{\cos\theta} = 1 = \lim_{\theta\to 0}\cos\theta$，故由夾擠原理知

$\lim_{\theta\to 0}\frac{\sin\theta}{\theta} = 1$ ■

例 2　求極限 $\lim_{t\to 0}\frac{\sin^2 t}{t}$。

解

$$\lim_{t\to 0}\frac{\sin^2 t}{t} = \lim_{t\to 0} t\frac{\sin^2 t}{t^2} = \lim_{t\to 0} t\cdot(\frac{\sin t}{t})^2$$

$$= \lim_{t\to 0} t\cdot\lim_{t\to 0}(\frac{\sin t}{t})^2$$

$$= 0\times 1 = 0$$ ■

例 3　求極限 $\lim_{x\to 0}\frac{\sin 2x}{\sin 3x}$。

解

$$\lim_{x\to 0}\frac{\sin 2x}{\sin 3x} = \lim_{x\to 0}[\frac{\frac{\sin 2x}{2x}}{\frac{\sin 3x}{3x}}]\cdot\frac{2}{3}$$

$$= \frac{\lim_{x\to 0}\frac{\sin 2x}{2x}}{\lim_{x\to 0}\frac{\sin 3x}{3x}}\cdot\frac{2}{3}$$

$$= [\frac{1}{1}]\cdot\frac{2}{3}$$

$$= \frac{2}{3}$$ ■

隨堂練習 求下列各極限：

(1) $\lim\limits_{x\to 0}\dfrac{\sin 3x}{x}$

(2) $\lim\limits_{x\to 0}\dfrac{\sin 2x}{3x}$

例 4 $\lim\limits_{x\to 0}\dfrac{\cos x-1}{x}=0$

證明 $\dfrac{1-\cos x}{x}=\dfrac{2\sin^2(\frac{x}{2})}{x}$

$$=\frac{\sin(\frac{x}{2})}{(\frac{x}{2})}\cdot\sin\frac{x}{2}$$

今由例 1 知

$$\lim_{x\to 0}\frac{\sin(\frac{x}{2})}{(\frac{x}{2})}=1$$

而

$$\lim_{x\to 0}\sin\frac{x}{2}=0$$

$$\therefore \lim_{x\to 0}\frac{\cos x-1}{x}=\lim_{x\to 0}\frac{\sin(\frac{x}{2})}{(\frac{x}{2})}\cdot\lim_{x\to 0}\sin\frac{x}{2}$$

$$=0$$

■

定　理 1

$D\sin x=\cos x$

證明　$D\sin x=\lim\limits_{\Delta x\to 0}\dfrac{\sin(x+\Delta x)-\sin x}{\Delta x}$

$$=\lim_{\Delta x\to 0}\frac{\sin x\cos\Delta x+\cos x\sin\Delta x-\sin x}{\Delta x}$$

$$=\lim_{\Delta x\to 0}[\sin x(\frac{\cos\Delta x-1}{\Delta x})+\cos x(\frac{\sin\Delta x}{\Delta x})]$$

$$=(\sin x)\times 0+(\cos x)\times 1$$

$$=\cos x$$ ■

定　理 2

$D\cos x=-\sin x$

證明　$\cos(x+h)=\cos x\cos h-\sin x\sin h$

故 $\dfrac{\cos(x+h)-\cos x}{h}$

$$=\frac{\cos x(\cos h-1)-\sin x\sin h}{h}$$

$$=\cos x(\frac{\cos h-1}{h})-\sin x(\frac{\sin h}{h})$$

根據定義，且令 $h\to 0$，並利用例 1 及例 4，就得到

$$D\cos x=\lim_{h\to 0}\frac{\cos(x+h)-\cos x}{h}$$

$$=\cos x\lim_{h\to 0}(\frac{\cos h-1}{h})-\sin x\lim_{h\to 0}\frac{\sin h}{h}$$

$$=(\cos x)\cdot 0-(\sin x)\cdot 1$$

$$=-\sin x$$

我們也可以這樣論證：

因為 $\cos x=\sin(\dfrac{\pi}{2}-x)$，所以

$$D\cos x = D\sin(\frac{\pi}{2}-x)$$
$$=\cos(\frac{\pi}{2}-x)\cdot D(\frac{\pi}{2}-x) \text{（連鎖規則）}$$
$$=\sin x\cdot(-1)$$
$$=-\sin x$$
■

例 5 $D\sin 2x = 2\cos 2x$

解 $$\text{左端} = \lim \frac{\sin 2(x+\Delta x)-\sin 2x}{\Delta x}$$
$$=\lim_{\Delta x\to 0}\{2\sin 2x[\frac{\cos(2\Delta x)-1}{2\Delta x}]+\cos 2x\frac{\sin 2\Delta x}{\Delta x}\}$$
$$=2\sin 2x\cdot 0+2\cos 2x$$
$$=2\cos 2x = \text{右端}$$

我們也可以直接利用連鎖規則：

$$D\sin 2x = \cos 2x\cdot D(2x)$$
$$=2\cos 2x$$
■

同理，一般地，我們有

$$D\sin \alpha x = \alpha\cos \alpha x$$
$$D\cos \alpha x = -\alpha\sin \alpha x$$

例 6 求下列各函數的導函數：

(1) $y=\sin^3 4x$　　(2) $y=e^{\cos x}$

(3) $y=\ln(\sin x)$　　(4) $y=\sin(\ln x)$

解 (1) $$Dy = 3\sin^2 4x\cdot D\sin 4x$$
$$=3\sin^2 4x\cos 4x\cdot 4$$
$$=12\sin^2 4x\cos 4x$$

(2) $Dy = e^{\cos x} \cdot D\cos x = -e^{\cos x}\sin x$

(3) $Dy = \dfrac{1}{\sin x} \cdot D\sin x = \dfrac{\cos x}{\sin x} = \cot x$

(4) $Dy = \cos(\ln x) \cdot D\ln x = \dfrac{\cos(\ln x)}{x}$ ■

隨堂練習　微分下列各函數：

(1) $y = \cos(2-3x^4)$　　(2) $y = \dfrac{1}{3}\cos^3 x - \cos x$

(3) $y = 5\sin 3x + 3\cos 5x$　　(4) $y = \sin(\sin x)$

乙、其他四個三角函數的微分

利用「商的微分公式」我們就可以求得其他四個三角函數的微分公式。

定　理3

$D\tan x = \sec^2 x$

$D\cot x = -\csc^2 x$

$D\sec x = \sec x \tan x$

$D\csc x = -\csc x \cot x$

證明　由商的微分公式

$$D\frac{f(x)}{g(x)} = \frac{[Df(x)]g(x) - [Dg(x)]f(x)}{[g(x)]^2}$$

$$D\frac{1}{g(x)} = \frac{-Dg(x)}{[g(x)]^2}$$

可知

$$D\tan x = D\frac{\sin x}{\cos x} = \frac{(D\sin x)\cos x - (D\cos x)\sin x}{\cos^2 x}$$

$$= \frac{\cos^2 x + \sin^2 x}{\cos^2 x} = \frac{1}{\cos^2 x} = \sec^2 x$$

$$D\cot x = D\frac{1}{\tan x} = \frac{-D\tan x}{\tan^2 x}$$

$$= \frac{-\sec^2 x}{\tan^2 x} = -\csc^2 x$$

$$D\sec x = D\frac{1}{\cos x} = \frac{-D\cos x}{\cos^2 x}$$

$$= \frac{\sin x}{\cos^2 x} = \sec x \tan x$$

$$D\csc x = D\frac{1}{\sin x} = \frac{-D\sin x}{\sin^2 x}$$

$$= \frac{-\cos x}{\sin^2 x} = -\csc x \cot x$$

■

例 7 $D\tan^3 4x = 3\tan^2 4x \cdot D\tan 4x$

$$= 3\tan^2 4x \cdot (\sec^2 4x) \cdot 4$$

$$= 12\tan^2 4x \sec^2 4x$$

$$D\cot(1-3x) = -\csc^2(1-3x) \cdot D(1-3x)$$

$$= -\csc^2(1-3x) \cdot (-3) = 3\csc^2(1-3x)$$

$$D\sec^2 x = 2\sec x \cdot D\sec x$$

$$= 2\sec x \cdot \sec x \tan x = 2\sec^2 x \tan x$$

$$D\ln(\csc x) = \frac{1}{\csc x} \cdot D\csc x$$

$$= \frac{1}{\csc x} \cdot (-\csc x \cot x) = -\cot x$$

■

隨堂練習　求下列各函數的導函數

(1) $y=\tan 4x^2$　　(2) $y=3\cot(1-x^2)$

(3) $y=\sec^2 x-\tan^2 x$　　(4) $y=4\csc(-6x)$

習　題　7–1

1. 試計算下列各式：

(1) $D(\sin 2x+\cos 3x)$

(2) $D(\sin^2 x+\cos 2x)$

(3) $D(\sin x\cos x)$

(4) $D\cos^2 x$

2. 試求正弦函數 $y=\sin x$ 的圖形在 $x=\dfrac{\pi}{4}$ 的切線方程式及法線方程式。

3. 試求 $y=3\sin x+2\cos x$ 之圖形在 $x=\dfrac{\pi}{6}$ 的切線方程式及法線方程式。

4. 求下列各極限值：

(1) $\lim\limits_{x\to 0}\dfrac{\tan x}{x}$　　(2) $\lim\limits_{x\to 0}\dfrac{\tan x}{\sin x}$

(3) $\lim\limits_{x\to 0}\dfrac{1-\cos x}{x^2}$　　(4) $\lim\limits_{x\to 0}\dfrac{2x^2+2x}{\sin 2x}$

5. 微分下列各函數：

(1) $y=x^3\sin 3x$　　(2) $y=e^{x^2+\cos x}$

(3) $y=\tan^2(\sin x)$　　(4) $y=(\cot x+\csc x)^2$

(5) $y=2\sec 3x$　　(6) $y=\cot(\cos x)$

7–2　三角函數的積分法

由微分公式

$$D\sin x = \cos x$$
$$D\cos x = -\sin x$$

立即得到不定積分公式

$$\int \sin x \; dx = -\cos x + c$$
$$\int \cos x \; dx = \sin x + c$$

例 1　求積分 $\int \cos 5x \; dx$。

解　因為 $D(\frac{1}{5}\sin 5x) = \cos 5x$，所以

$$\int \cos 5x \; dx = \frac{1}{5}\sin 5x + c$$

■

例 2　求積分 $\int 7x\sin(2-9x^2)dx$。

解　利用變數代換法，令

$u = 2 - 9x^2$

則 $du = -18x \; dx$。所以

$$\int 7x\sin(2-9x^2)dx = -\frac{7}{18}\int -18x\sin(2-9x^2)dx$$
$$= -\frac{7}{18}\int \sin u \; du = \frac{7}{18}\cos u + c$$

$$= \frac{7}{18}\cos(2-9x^2)+c$$ ■

例 3　求定積分 $\int_{\frac{\pi}{6}}^{\frac{\pi}{4}} \frac{\cos 2x}{\sin^3 2x}dx$。

解　因為 $D\sin 2x = 2\cos 2x$，所以令 $u=\sin 2x$，則

$du = 2\cos 2x\ dx$。於是

$$\int \frac{\cos 2x}{\sin^3 2x}dx = \frac{1}{2}\int \frac{du}{u^3} = -\frac{1}{4}u^{-2}+c$$

$$= -\frac{1}{4\sin^2 2x}+c$$

$$\therefore \int_{\frac{\pi}{6}}^{\frac{\pi}{4}} \frac{\cos 2x}{\sin^3 2x}dx = -\frac{1}{4\sin^2 2x}\Bigg|_{\frac{\pi}{6}}^{\frac{\pi}{4}}$$

$$= -\frac{1}{4}-(-\frac{1}{3}) = \frac{1}{12}$$ ■

同樣的道理，由 7–1 節定理 3 之其他四個三角函數的微分公式，就對應有如下的不定積分公式：

$$\int \sec^2 x\ dx = \tan x + c$$

$$\int \csc^2 x\ dx = -\cot x + c$$

$$\int \sec x \tan x\ dx = \sec x + c$$

$$\int \csc x \cot x\ dx = -\csc x + c$$

例 4 求積分 $\int \sec 3x \tan 3x \ dx$。

解 令 $u=3x$，則 $du=3\ dx$

$$\therefore \int \sec 3x \tan 3x \ dx = \frac{1}{3}\int \sec u \tan u \ du$$

$$= \frac{1}{3}\sec u + c = \frac{1}{3}\sec 3x + c$$ ■

例 5 求積分 $\int 3x \sec^2 x^2 dx$。

解 令 $u=x^2$，則 $du=2x\ dx$

$$\therefore \int 3x \sec^2 x^2 dx = \frac{3}{2}\int 2x \sec^2 x^2 dx$$

$$= \frac{3}{2}\int \sec^2 u \ du = \frac{3}{2}\tan u + c$$

$$= \frac{3}{2}\tan x^2 + c$$ ■

例 6 求積分 $\int \tan^2 2x \ dx$。

解 因為 $\tan^2 2x + 1 = \sec^2 2x$，所以

$$\int \tan^2 2x \ dx = \int (\sec^2 2x - 1) dx$$

$$= \int \sec^2 2x \ dx - \int dx$$

$$= \frac{1}{2}\int \sec^2 2x \ d(2x) - \int dx$$

$$= \frac{1}{2}\tan 2x - x + c$$ ■

習　題　7–2

求下列的積分：

1. $\int \sin 5x\ dx$
2. $\int \cos(2x-5)dx$
3. $\int (3\cos 2x - 2\sin 3x)dx$
4. $\int \cos^2 x \sin x\ dx$
5. $\int \frac{\cos(\ln x)}{x}dx$
6. $\int \frac{\sin\sqrt{x}}{\sqrt{x}}dx$
7. $\int_0^{\frac{\pi}{5}} \sin 5x\ dx$
8. $\int_0^{\sqrt{\pi}} x\cos x^2 dx$
9. $\int \csc^2 6x\ dx$
10. $\int_0^{\frac{\pi}{8}} \sec^2 2x\ dx$
11. $\int \tan^4 x \sec^2 x\ dx$
12. $\int_0^{\frac{\pi}{6}} \sec 2x \tan 2x\ dx$

7–3　反三角函數的微積分

我們在第一冊第八章已經學過，只要對三角函數的定義域作適當的限制，就可使其成為對射（嵌射且蓋射）函數，因而可以談論反三角函數。

甲、反三角函數的微分

讓我們先來作反正弦函數的微分：

$$\sin^{-1}: [-1,\ 1] \to [-\frac{\pi}{2},\ \frac{\pi}{2}],\ x = \sin^{-1} y$$

我們欲求 $D\sin^{-1}y$。因為 $y=\sin x$, $x=\sin^{-1}y$，故根據反函數的微分公式得到

$$
\begin{aligned}
D\sin^{-1}y &= \frac{1}{D\sin x}=\frac{1}{\cos x}\\
&= \frac{1}{\pm\sqrt{1-\sin^2 x}}=\frac{1}{\pm\sqrt{1-y^2}}
\end{aligned}
$$

由於限定 $x\in[-\frac{\pi}{2}, \frac{\pi}{2}]$，故 $\cos x$ 恆為正。因此上式只取正號，於是得到

$$D\sin^{-1}y=\frac{1}{\sqrt{1-y^2}}$$

通常我們習慣將 x 當獨立變數，故上式可改成

$$D\sin^{-1}x=\frac{1}{\sqrt{1-x^2}} \tag{1}$$

這就是反正弦函數的導微公式。

其他三角函數也都要作一些限制，才能談其反函數。我們把習慣上的限制寫在下面：

$\cos:[0, \pi]\to[-1, 1]$

$\tan:(-\frac{\pi}{2}, \frac{\pi}{2})\to(-\infty, \infty)$

$\cot:(0, \pi)\to(-\infty, \infty)$

$\sec:[0, \frac{\pi}{2})\cup(\frac{\pi}{2}, \pi]\to(-\infty, -1]\cup[1, \infty)$

$\csc:[-\frac{\pi}{2}, 0)\cup(0, \frac{\pi}{2}]\to(-\infty, -1]\cup[1, \infty)$

例 1　試證 $D\cos^{-1}x=\dfrac{-1}{\sqrt{1-x^2}}$。

證明　令 $y=\cos^{-1}x$，則 $x=\cos y$

$$\therefore D\cos^{-1}x=\frac{1}{D\cos y}=\frac{1}{-\sin y}=\frac{-1}{\sin y}$$

因為 $\sin^2 y+\cos^2 y=1$，故 $\sin y=\pm\sqrt{1-\cos^2 y}$，我們必須進一步判斷要取正號或負號。

由於 $y\in[0,\pi]$，即 y 在第一、二象限，故 $\sin y$ 的值為正，即

$\sin y=\sqrt{1-\cos^2 y}$

從而

$$D\cos^{-1}x=\frac{-1}{\sin y}=\frac{-1}{\sqrt{1-\cos^2 y}}=\frac{-1}{\sqrt{1-x^2}}$$ ■

例 2　試證 $D\tan^{-1}x=\dfrac{1}{1+x^2}$。

證明　令 $y=\tan^{-1}x$，則 $x=\tan y$

$$\therefore D\tan^{-1}x=\frac{1}{D\tan y}=\frac{1}{\sec^2 y}$$

$$=\frac{1}{1+\tan^2 y}=\frac{1}{1+x^2}$$ ■

例 3　試證 $D\cot^{-1}x=\dfrac{-1}{1+x^2}$。

證明　令 $y=\cot^{-1}x$，則 $x=\cot y$

$$\therefore D\cot^{-1}x=\frac{1}{D\cot y}=\frac{-1}{\csc^2 y}$$

$$=\frac{-1}{1+\cot^2 y}=\frac{-1}{1+x^2}$$ ■

例 4 試證 $D\sec^{-1}x=\dfrac{1}{|x|\sqrt{x^2-1}}$。

＊ **證明** 令 $y=\sec^{-1}x$，則 $x=\sec y$

$\therefore D\sec^{-1}x=\dfrac{1}{D\sec y}=\dfrac{1}{\sec y\tan y}$

由於 $1+\tan^2 y=\sec^2 y$，故 $\tan y=\pm\sqrt{\sec^2 y-1}$，於是

$D\sec^{-1}x=\dfrac{1}{\pm\sec y\sqrt{\sec^2 y-1}}$

再考慮正負號的取法：由於

$y\in[0,\dfrac{\pi}{2})\cup(\dfrac{\pi}{2},\pi]$

即 y 在第一、二象限；

當 y 在第一象限時，$\tan y$ 與 $x=\sec y$ 的值皆為正，故

$D\sec^{-1}x=\dfrac{1}{\sec y\sqrt{\sec^2 y-1}}=\dfrac{1}{x\sqrt{x^2-1}}$

當 y 在第二象限時，$\tan y$ 與 $x=\sec y$ 的值皆為負，故

$D\sec^{-1}x=\dfrac{1}{-\sec y\sqrt{\sec^2 y-1}}=\dfrac{1}{-x\sqrt{x^2-1}}$

無論如何上面兩式可以歸結起來寫成一個式子：

$D\sec^{-1}x=\dfrac{1}{|x|\sqrt{x^2-1}}$ ■

例 5 試證 $D\csc^{-1}x=\dfrac{-1}{|x|\sqrt{x^2-1}}$。

＊ **證明** 令 $y=\csc^{-1}x$，則 $x=\csc y$

$\therefore D\csc^{-1}x=\dfrac{1}{D\csc y}=\dfrac{1}{-\csc y\cot y}$

由於 $1+\cot^2 y=\csc^2 y$，故 $\cot y=\pm\sqrt{\csc^2 y-1}$，於是

$$D\csc^{-1}x=\frac{-1}{\pm\csc y\sqrt{\csc^2 y-1}}$$

再考慮分母裡正負號的取法：由於

$y\in[-\frac{\pi}{2},0)\cup(0,\frac{\pi}{2}]$

即 y 在第一、四象限；

當 y 在第一象限時，$\cot y$ 與 $x=\csc y$ 的值皆為正，故

$$D\csc^{-1}x=\frac{-1}{\csc y\sqrt{\csc^2 y-1}}=\frac{-1}{x\sqrt{x^2-1}}$$

當 y 在第四象限時，$\cot y$ 與 $x=\csc y$ 的值皆為負，故

$$D\csc^{-1}x=\frac{-1}{-\csc y\sqrt{\csc^2 y-1}}=\frac{-1}{-x\sqrt{x^2-1}}$$

無論如何上面兩式可以歸結起來寫成一個式子：

$$D\csc^{-1}x=\frac{-1}{|x|\sqrt{x^2-1}}$$

■

我們把上述公式歸結成如下的定理：

定　理 1

（反三角函數的微分公式）

$$D\sin^{-1}x=\frac{1}{\sqrt{1-x^2}},\quad D\cos^{-1}x=\frac{-1}{\sqrt{1-x^2}},\quad |x|<1$$

$$D\tan^{-1}x=\frac{1}{1+x^2},\quad D\cot^{-1}x=\frac{-1}{1+x^2},\quad x\in\mathbb{R}$$

$$D\sec^{-1}x=\frac{1}{|x|\sqrt{x^2-1}},\quad D\csc^{-1}x=\frac{-1}{|x|\sqrt{x^2-1}},\quad |x|>1$$

配合上連鎖規則，我們就會對更多「複雜」的函數求微分。

例 6 試微分下列各函數：

(1) $\sin^{-1}\dfrac{x}{a}$ $(a>0)$

(2) $\tan^{-1}\dfrac{a+x}{1-ax}$

解 (1) $D(\sin^{-1}\dfrac{x}{a})=\dfrac{1}{\sqrt{1-(\dfrac{x}{a})^2}}D(\dfrac{x}{a})$（連鎖規則）

$$=\frac{1}{\sqrt{a^2-x^2}}$$

(2) $D(\tan^{-1}\dfrac{a+x}{1-ax})$

$$=\frac{1}{1+(\dfrac{a+x}{1-ax})^2}D(\frac{a+x}{1-ax})$$

$$=\frac{(1-ax)^2}{(1-ax)^2+(a+x)^2}\cdot\frac{(1-ax)+a(a+x)}{(1-ax)^2}$$

$$=\frac{1+a^2}{1-2ax+a^2x^2+a^2+2ax+x^2}$$

$$=\frac{1+a^2}{(1+a^2)(1+x^2)}=\frac{1}{1+x^2}$$ ■

例 7 $D(\sin^{-1}x)^2=2\sin^{-1}x\cdot D\sin^{-1}x$（連鎖規則）

$$=2\sin^{-1}x\cdot\frac{1}{\sqrt{1-x^2}}$$ ■

例 8 $D\sin^{-1}(\cos x)=\dfrac{1}{\sqrt{1-\cos^2 x}}\cdot D\cos x$（連鎖規則）

$$=\frac{1}{|\sin x|}(-\sin x)$$ ■

例 9 $D\sec^{-1}3x=\dfrac{1}{|3x|\sqrt{9x^2-1}}D(3x)$

$$=\frac{1}{3|x|\sqrt{9x^2-1}}\cdot 3=\frac{1}{|x|\sqrt{9x^2-1}}$$ ■

隨堂練習 求下列各函數的導函數:

(1) $\sin^{-1}\dfrac{x}{3}$　　(2) $\tan^{-1}\sqrt{x^2+1}$

(3) $\cos^{-1}x^2$　　(4) $\tan^{-1}\sqrt{x-1}$

(5) $\sin^{-1}\dfrac{x-1}{x}$　　(6) $\cot^{-1}3x^2$

(7) $\sec^{-1}(2x-3)$　　(8) $\tan^{-1}(\dfrac{1}{x})$

乙、與反三角函數有關的積分法

上述定理 1 的微分公式就對應有下面的不定積分公式:

定　理 2

(反三角函數的積分公式)

$$\int\frac{dx}{\sqrt{1-x^2}}=\sin^{-1}x+c,\qquad |x|<1$$

$$\int\frac{dx}{1+x^2}=\tan^{-1}x+c,\qquad x\in\mathbb{R}$$

$$\int\frac{dx}{|x|\sqrt{x^2-1}}=\sec^{-1}x+c,\qquad |x|>1$$

例 10 求下列積分:

(1) $\int \frac{dx}{1+3x^2}$　　　　(2) $\int \frac{e^x}{\sqrt{1-e^{2x}}}dx$

解　(1)令 $u=\sqrt{3}x$，則 $du=\sqrt{3}dx$

$$\therefore \int \frac{dx}{1+3x^2} = \frac{1}{\sqrt{3}}\int \frac{du}{1+u^2} = \frac{1}{\sqrt{3}}\tan^{-1}u + c$$

$$= \frac{1}{\sqrt{3}}\tan^{-1}(\sqrt{3}x) + c$$

(2)令 $u=e^x$，則 $du=e^x dx$

$$\therefore \int \frac{e^x}{\sqrt{1-e^{2x}}}dx = \int \frac{du}{\sqrt{1-u^2}} = \sin^{-1}u + c$$

$$= \sin^{-1}(e^x) + c$$

■

例 11　求積分 $\int \frac{dx}{a^2+x^2}$，其中 $a \neq 0$。

解　令 $x=au$，則 $dx=a\ du$

$$\therefore \int \frac{dx}{a^2+x^2} = \int \frac{a\ du}{a^2+a^2u^2} = \frac{1}{a}\int \frac{du}{1+u^2}$$

$$= \frac{1}{a}\tan^{-1}u + c = \frac{1}{a}\tan^{-1}\frac{x}{a} + c$$

■

仿例 11 的作法，我們可得到：

定　理 3

$$\int \frac{dx}{\sqrt{a^2-x^2}} = \sin^{-1}\frac{x}{a} + c$$

$$\int \frac{dx}{a^2+x^2} = \frac{1}{a}\tan^{-1}\frac{x}{a} + c$$

$$\int \frac{dx}{|x|\sqrt{x^2-a^2}} = \frac{1}{a}\sec^{-1}\frac{x}{a} + c$$

隨堂練習　求下列的積分：

(1) $\int \frac{dx}{\sqrt{2-x^2}}$　　(2) $\int \frac{dx}{\sqrt{1-9x^2}}$

(3) $\int \frac{dx}{1+25x^2}$　　(4) $\int \frac{5x^2dx}{1+4x^6}$

習　題　7-3

求下列各函數的微分：

1. $y=\sin^{-1}(\frac{x}{2})$
2. $y=\frac{1}{5}\tan^{-1}(\frac{x}{5})$
3. $y=\sin^{-1}(\frac{x-1}{x+1})$
4. $y=x\tan^{-1}x-\ln\sqrt{1+x^2}$
5. $y=\sin^{-1}x+\cos^{-1}x$
6. $y=e^x\sec^{-1}x$
7. $y=\cos^{-1}(\cos x)$
8. $y=\csc^{-1}(e^x)$
9. $y=\sin^{-1}(e^{-3x})$
10. $y=\tan^{-1}(xe^{2x})$

求下列的不定積分：

11. $\int \frac{dx}{\sqrt{1-4x^2}}$
12. $\int \frac{dx}{1+3x^2}$
13. $\int \frac{x\,dx}{1+4x^4}$
14. $\int \frac{dx}{\sqrt{16-9x^2}}$

求下列的定積分：

15. $\int_{\sqrt{2}}^{2} \frac{dx}{x\sqrt{x^2-1}}$
16. $\int_{0}^{\frac{1}{\sqrt{2}}} \frac{dx}{\sqrt{1-x^2}}$
17. $\int_{-1}^{1} \frac{dx}{1+x^2}$
18. $\int_{1}^{3} \frac{dx}{\sqrt{x}(\sqrt{x}+1)}$

7–4 雙曲函數的微積分

利用（自然）指數函數，作適當的組合，就得到六個**雙曲函數** (hyperbolic functions)，它們跟三角函數具有許多類似的性質，並且在應用數學中經常出現。

甲、雙曲函數的定義與性質

最基本的兩個是**雙曲正弦函數** (hyperbolic sine) 與**雙曲餘弦函數** (hyperbolic cosine)，它們分別定義為：

$$\sinh x = \frac{e^x - e^{-x}}{2},\ \cosh x = \frac{e^x + e^{-x}}{2} \tag{1}$$

它們的圖形如圖 7–2 所示。

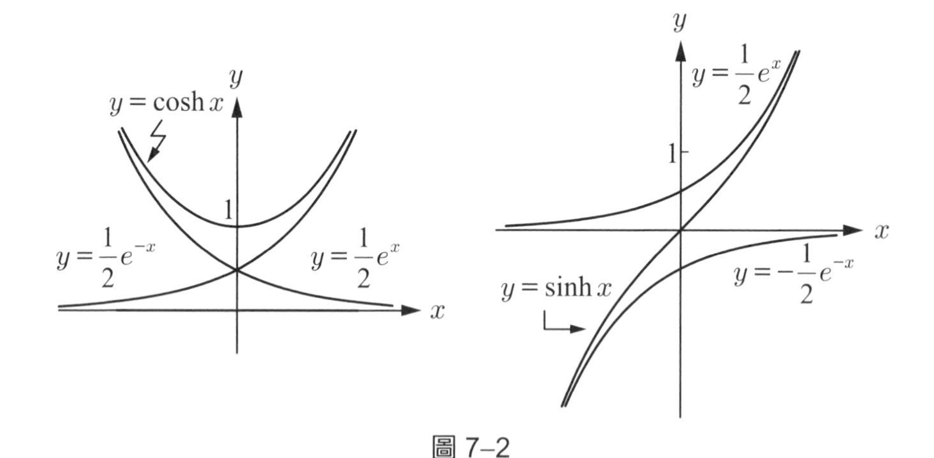

圖 7–2

顯然，我們有恆等式：

$$\sinh(-x) = -\sinh x,\ \cosh(-x) = \cosh x \tag{2}$$

這跟三角恆等式

$$\sin(-x)=-\sin x,\ \cos(-x)=\cos x$$

完全一樣。

其餘四個雙曲函數仿三角函數的辦法定義如下：

$$\tanh x=\frac{\sinh x}{\cosh x}=\frac{e^{x}-e^{-x}}{e^{x}+e^{-x}}$$

$$\operatorname{sech} x=\frac{1}{\cosh x}=\frac{2}{e^{x}+e^{-x}}$$

$$\coth x=\frac{\cosh x}{\sinh x}=\frac{e^{x}+e^{-x}}{e^{x}-e^{-x}}$$

$$\operatorname{csch} x=\frac{1}{\sinh x}=\frac{2}{e^{x}-e^{-x}} \tag{3}$$

我們分別稱 $\tanh x$, $\coth x$, $\operatorname{sech} x$, $\operatorname{csch} x$ 為雙曲正切函數，雙曲餘切函數，雙曲正割函數，雙曲餘割函數。它們的圖形如圖 7–3 所示。

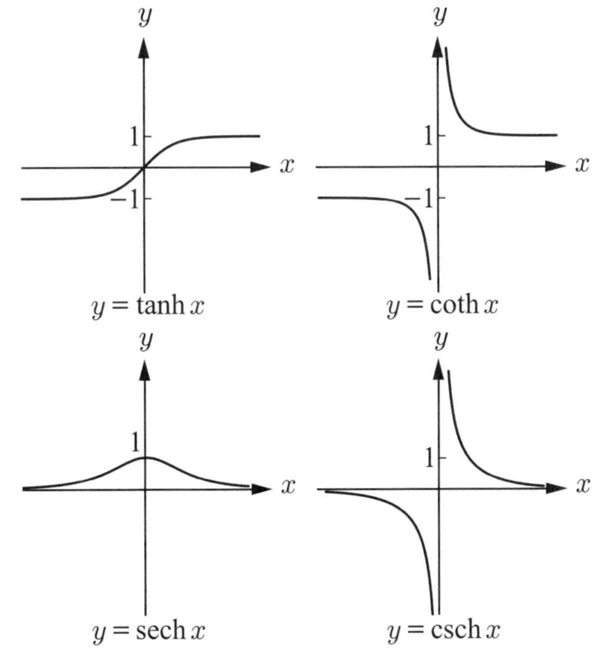

圖 7–3

乙、雙曲函數與三角函數的「異中之同與同中之異」

根據上述(1)與(3)之定義，我們很容易證得下列的雙曲恆等式。它們跟相應的三角恆等式具有「異中之同與同中之異」，我們必須「知所異同，方窺全貌」。

定 理 1

(1) $\cosh^2 x - \sinh^2 x = 1$

(2) $1 - \tanh^2 x = \operatorname{sech}^2 x$

(3) $\coth^2 x - 1 = \operatorname{csch}^2 x$

(4) $\sinh(x+y) = \sinh x \cosh y + \cosh x \sinh y$

(5) $\cosh(x+y) = \cosh x \cosh y + \sinh x \sinh y$

(6) $\cosh x + \sinh x = e^x$

(7) $\cosh x - \sinh x = e^{-x}$

(8) $\sinh 2x = 2\sinh x \cosh x$

證明 我們只證(1)，其餘留作習題。

$$\cosh^2 x - \sinh^2 x = \frac{1}{4}(e^x + e^{-x})^2 - \frac{1}{4}(e^x - e^{-x})^2$$
$$= \frac{1}{4}[e^{2x} + 2 + e^{-2x} - (e^{2x} - 2 + e^{-2x})] = 1$$ ■

（註：在三角恆等式中，(1)的對應公式是

$\cos^2 x + \sin^2 x = 1$

不一樣就是不一樣。）

丙、命名的由來

對於任意實數 t，點 $P(\cos t, \sin t)$ 落在單位圓 $x^2+y^2=1$ 上，因為

$$\cos^2 t+\sin^2 t=1$$

事實上，在圖 7–4 中，根據正弦函數與餘弦函數的定義，t 可以解釋為 $\angle AOP$，單位取為弧度。基於這個理由，我們又稱三角函數為**圓函數** (circular functions)。

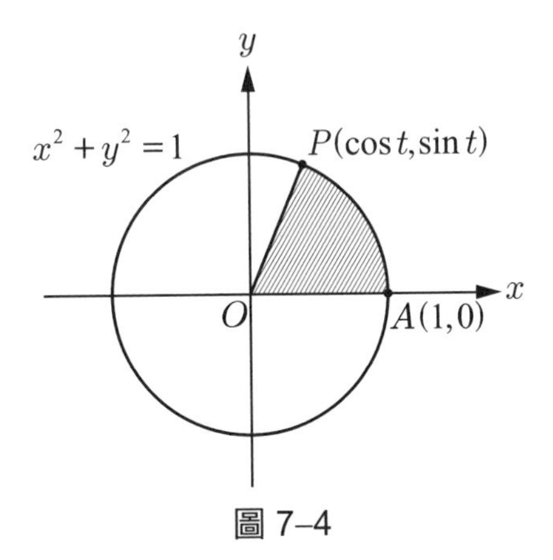

圖 7–4

同理，對於任意實數 t，點 $P(\cosh t, \sinh t)$ 落在雙曲線 $x^2-y^2=1$ 的右支上面，見圖 7–5，
因為

$$\cosh^2 t-\sinh^2 t=1$$

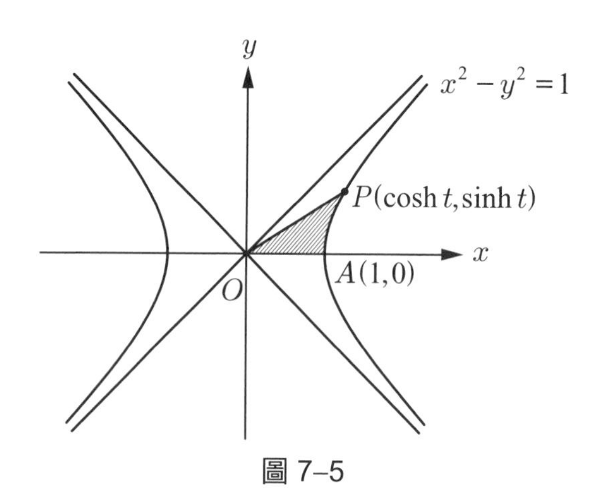

圖 7–5

並且 $\cosh t>0$。基於此，我們稱 $\cosh t$ 與 $\sinh t$ 等為雙曲函數。不過，此時 t 並不是圖 7–5 中的 $\angle AOP$。

換言之，若將 t 解釋成角度，對圖 7–4 行得通，對圖 7–5 卻行不通。若改採面積觀點，兩者就相通了！事實上，在圖 7–4 中，t 可解釋成扇形面積的兩倍；同理，在圖 7–5 中，我們也可以算得 t 正好是斜線領域面積的兩倍。

丁、雙曲函數的微分

定　理 2

(1) $D\sinh x=\cosh x$, $D\cosh x=\sinh x$

(2) $D\tanh x=\operatorname{sech}^2 x$, $D\coth x=-\operatorname{csch}^2 x$

(3) $D\operatorname{sech} x=-\operatorname{sech} x\tanh x$

$D\operatorname{csch} x=-\operatorname{csch} x\coth x$

證明　我們只證(1)，其餘留作習題。

$$D\sinh x = D(\frac{e^x - e^{-x}}{2}) = \frac{De^x - De^{-x}}{2}$$
$$= \frac{e^x + e^{-x}}{2} = \cosh x$$
$$D\cosh x = D(\frac{e^x + e^{-x}}{2}) = \frac{De^x + De^{-x}}{2}$$
$$= \frac{e^x - e^{-x}}{2} = \sinh x$$

■

（註：請跟三角函數作比較，$D\sin x = \cos x$, $D\cos x = -\sin x$。）

例 1 $D[\cosh(x^3)] = \sinh(x^3)\cdot Dx^3 = 3x^2\sinh(x^3)$

$$D[\ln(\tanh x)] = \frac{1}{\tanh x}\cdot D\tanh x = \frac{\operatorname{sech}^2 x}{\tanh x}$$

■

戊、雙曲函數的積分

定　理 3

(1) $\int \sinh x\ dx = \cosh x + c$

$\int \cosh x\ dx = \sinh x + c$

(2) $\int \operatorname{sech}^2 x\ dx = \tanh x + c$

$\int \operatorname{csch}^2 x\ dx = -\coth x + c$

(3) $\int \operatorname{sech} x \tanh x\ dx = -\operatorname{sech} x + c$

$\int \operatorname{csch} x \coth x\ dx = -\operatorname{csch} x + c$

例 2 求 $\int \sinh^5 x \cosh x \, dx$。

解 令 $u = \sinh x$，則 $du = \cosh x$

$$\therefore \int \sinh^5 x \cosh x \, dx = \int u^5 du$$

$$= \frac{1}{6}u^6 + c = \frac{1}{6}\sinh^6 x + c$$ ■

例 3 求 $\int \tanh x \, dx$。

解 令 $u = \cosh x$，則 $du = \sinh x \, dx$

$$\therefore \int \tanh x \, dx = \int \frac{\sinh x}{\cosh x} dx = \int \frac{1}{u} du$$

$$= \ln|u| + c = \ln|\cosh x| + c$$

今因 $\cosh x$ 恆為正，故 $|\cosh x| = \cosh x$

$$\therefore \int \tanh x \, dx = \ln(\cosh x) + c$$ ■

最後我們介紹一個應用：提起一條項鏈的兩端，在重力場中讓它自由垂下，問此項鏈所形成的曲線是什麼曲線？見圖 7–6。

圖 7–6 懸鏈線

伽利略猜測是拋物線，但是他錯了。現在我們可以利用求解微分方程式的方法，證明它恰是雙曲餘弦函數的圖形，不過這已超乎本課程的範圍，故從略。

習　題　7–4

求下列各函數的微分：

1. $y=\cosh(x^4)$
2. $y=\sinh(4x-8)$
3. $y=\ln(\tanh 2x)$
4. $y=\coth(\ln x)$
5. $y=\operatorname{sech}(e^{2x})$
6. $y=\operatorname{csch}(\frac{1}{x})$
7. $y=\sinh^3(2x)$
8. $y=\sqrt{4x+\cosh^2(5x)}$
9. $y=\sinh(\cos 3x)$
10. $y=x^3\tanh^2\sqrt{x}$

求下列的積分：

11. $\int \cosh(2x-3)dx$
12. $\int \sinh^6 x\cosh x\ dx$
13. $\int \operatorname{csch}^2(3x)dx$
14. $\int \sqrt{\tanh x}\operatorname{sech}^2 x\ dx$
15. $\int \coth^2 x\operatorname{csch}^2 x\ dx$
16. $\int \tanh x\operatorname{sech}^3 x\ dx$

第八章　平面曲線

8–1　極坐標與極坐標方程式

8–2　曲線的長度

8–3　曲率與曲率圓

歐氏平面幾何基本上是研究**直線**與**圓**(**直尺**與**圓規**)所產生出來的圖形規律，用推理把它們組織起來。

十七世紀發明解析幾何後，我們進一步用代數方程式來描述更複雜的幾何圖形，使得研究更上一層樓。在平面直角坐標系中，我們最常見的是用**函數** $y=f(x)$ 或**方程式** $F(x, y)=0$ 來描述平面上的**曲線**，這是我們已經都很熟悉的內容。

另外還有兩種很有用且方便的描述平面曲線的方法，這就是**參數方程式**

$$\begin{cases} x=x(t) \\ y=y(t) \end{cases}, \ t \in I \ \text{(某區間)}$$

與**極坐標方程式**

$$r=f(\theta)$$

前者在本書第二冊第十四章已詳細討論過，因此，本章我們只談極坐標方程式。其次，我們要利用微積分的工具來研究曲線的最初步性質，例如計算曲線的長度以及度量曲線的彎曲程度。

8-1　極坐標與極坐標方程式

我們曾經一再強調過，**坐標系**只是：「**用一組數來表現一點**」的辦法。我們一直都使用直角坐標系，因為這絕對是最有用的辦法，主要理由是畢氏定理最方便使用。但我們也強調過，這並非唯一的一類坐標系!

甲、極坐標系

極坐標系是這樣建立起來的：在平面上取定一點 O，稱為**極點**，以

此 O 為始點作一射線 $\overrightarrow{OX}$（習慣上是取向右的水平射線）稱為**極軸**。那麼對平面上任意一點 P，做向徑 $\overrightarrow{OP}$，則只要原點 $O \neq P$，我們知道徑長 $\left\|\overrightarrow{OP}\right\| = r > 0$，因而**輻角**（斜角）$\theta$ 就有意義了，於是 (r, θ) 就叫做點 P 的**極坐標**。參見圖 8–1。

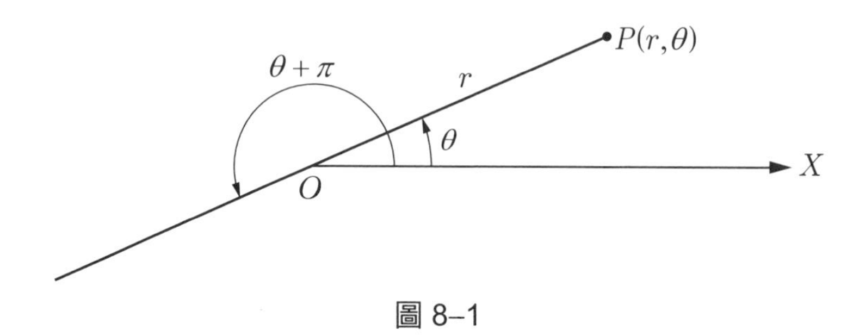

圖 8–1

一般而言，所謂**極坐標系**就是由極點（原點）O，極軸（正半 x 軸）及單位長度，三個要素構成：給了平面上一點 P，就可以定出其極坐標 (r, θ) 如下：

$r =$ 從 O 到 P 的**有向距離**（可正可負）

$\theta =$ 從極軸到 $\overline{OP}$ 的**有向角**（可正可負）

例如，圖 8–1 中，$P = (r, \theta) = (-r, \theta + \pi)$

$$= (r, \theta + 2n\pi) = (-r, \theta + (2n+1)\pi)$$

顯然，一點的極坐標並不唯一。

採用極坐標系的時候，不應該用方格紙，應該用極坐標紙，如圖 8–2。

在極坐標紙上的一點，我們可以（大約）看出它的極坐標，反過來說，給了極坐標，也馬上可以定出對應的點，如圖 8–2 中的點 P 就是 $P(3, 130°)$。

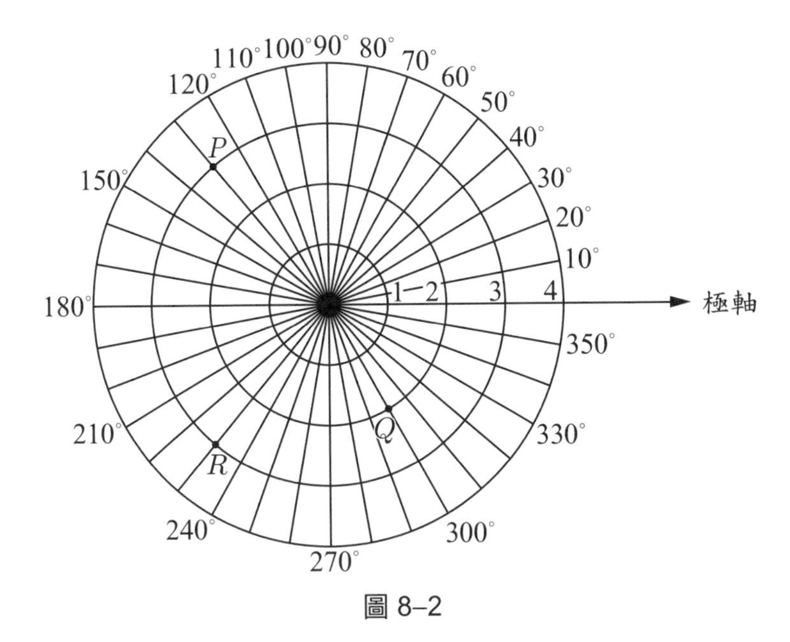

圖 8–2

隨堂練習　圖 8–2 中 $Q=?$ $R=?$（用極坐標）

（註：角度 θ 採用周角規約：兩點的輻角相差 2π $(=360°)$ 之整倍數時認為相同。有時必須很明確，那麼就採用主值，我們以 $-\pi<\theta\leq\pi$ 為主值。）

例 1　$Q\equiv(2,\ 300°)=(2,\ -\frac{\pi}{3})$（如圖 8–2），$-\frac{\pi}{3}$ 是主值。■

乙、極坐標與直角坐標的關係

我們在同一平面上安置有極坐標系與直角坐標系，使極坐標系的極點為直角坐標系的原點，極坐標系的極軸為直角坐標系的正半 x 軸。設 P 為平面上一點，其極坐標為 $(r,\ \theta)$，其直角坐標為 $(x,\ y)$，則由圖 8–3 我們得到下面的關係式：

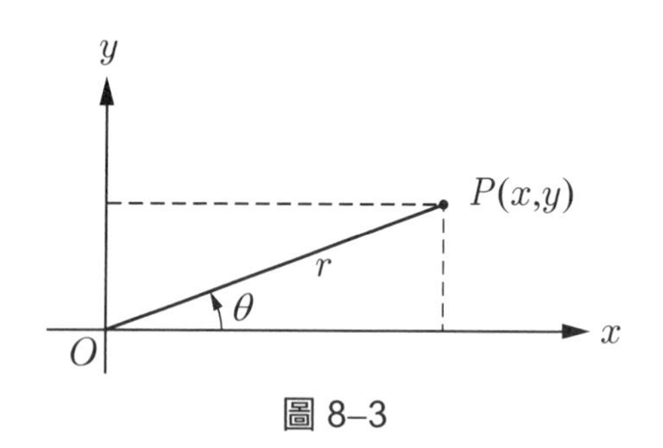

圖 8–3

$$x = r\cos\theta \tag{1}$$

$$y = r\sin\theta \tag{2}$$

$$r = \pm\sqrt{x^2 + y^2} \text{（畢氏定理）} \tag{3}$$

$$\tan\theta = \frac{y}{x} \tag{4}$$

其中 r 的正負號與 θ 的選取，由 P 點所在的象限決定。

例 2　設點 P 的直角坐標為 $(1, 1)$，求其極坐標。

解　設 P 點的極坐標為 (r, θ)，則

$\tan\theta = \dfrac{y}{x} = \dfrac{1}{1} = 1$，且 x, y 均為正

$\therefore \theta = \dfrac{\pi}{4}(= 45^\circ)$

$r = \sqrt{x^2 + y^2} = \sqrt{1^2 + 1^2} = \sqrt{2}$

故 P 點的極坐標為 $(\sqrt{2}, \dfrac{\pi}{4})$ ■

設 $P(-1, -1)$，則其極坐標為 $(\sqrt{2}, \dfrac{5\pi}{4})$。

若依公式(4)，此時 $\tan\theta = \dfrac{-1}{-1} = 1$，則 $\theta = 45^\circ + n\pi$ 是通值，令 $n = 0$ 就錯了！

公式(4)不能定出 θ 之象限！必須由公式(1)，(2)，亦即 x 及 y 之符號決定其象限！

例 3　設 P 點的直角坐標為 $(2, -2)$，試求其極坐標。

解　設 P 點的極坐標為 (r, θ)

則 $\tan\theta = \frac{y}{x} = \frac{-2}{2} = -1$ 而 P 在第四象限

$\therefore \theta = -\frac{\pi}{4}\ (= -45°)$

$r = \sqrt{x^2 + y^2} = \sqrt{2^2 + (-2)^2}$

$= 2\sqrt{2}$

故 P 點的極坐標為 $(2\sqrt{2}, -\frac{\pi}{4})$ ■

例 4　設 $P_1(r_1, \theta_1)$, $P_2(r_2, \theta_2)$ 為極平面上兩點，試求 P_1 至 P_2 的距離。

解　設 P_1 及 P_2 的直角坐標分別為 (x_1, y_1) 及 (x_2, y_2)，

則 $x_1 = r_1\cos\theta_1$, $x_2 = r_2\cos\theta_2$,

$y_1 = r_1\sin\theta_1$, $y_2 = r_2\sin\theta_2$,

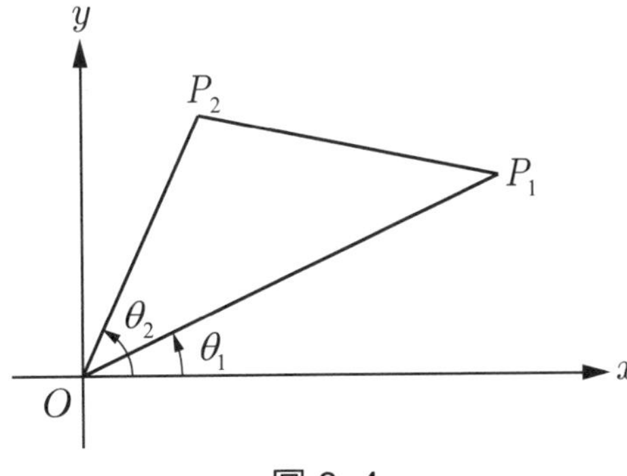

圖 8–4

故 $\overline{P_1P_2} = \sqrt{(x_1 - x_2)^2 + (y_1 - y_2)^2}$

$= \sqrt{(r_1\cos\theta_1 - r_2\cos\theta_2)^2 + (r_1\sin\theta_1 - r_2\sin\theta_2)^2}$

根號內展開並利用 $\sin^2\theta + \cos^2\theta = 1$ 及

$\cos(\theta_1 - \theta_2) = \cos\theta_1\cos\theta_2 + \sin\theta_1\sin\theta_2$ 的公式得

$$\overline{P_1P_2} = \sqrt{r_1^2 + r_2^2 - 2r_1r_2\cos(\theta_1 - \theta_2)} \quad (5)$$ ■

丙、極坐標方程式

所謂**極坐標方程式**是指含 r 及 θ 的方程式 $r = f(\theta)$，如 $r = \sin\theta$，$r = 2 + \theta$ 等等。設 $r = f(\theta)$，並且凡滿足 $r = f(\theta)$ 的點 (r, θ) 均在曲線 Γ 上，而且在曲線 Γ 上的點都滿足方程式 $r = f(\theta)$，則稱曲線 Γ 為方程式 $r = f(\theta)$ 的**軌跡**或**圖形**，而 $r = f(\theta)$ 為曲線 Γ 之極坐標方程式。

例 5 試將極坐標方程式 $r^2 = a^2\cos 2\theta$ 改成直角坐標方程式。

解 $\because r = \sqrt{x^2 + y^2}$，所以 $r^2 = x^2 + y^2$ (a)

由 $x = r\cos\theta,\ y = r\sin\theta$

得 $\cos\theta = \dfrac{x}{r}$ 及 $\sin\theta = \dfrac{y}{r}$

$\therefore \cos\theta = \dfrac{x}{\sqrt{x^2 + y^2}},\ \sin\theta = \dfrac{y}{\sqrt{x^2 + y^2}}$

$$\cos 2\theta = (\cos^2\theta - \sin^2\theta) = \frac{x^2}{x^2 + y^2} - \frac{y^2}{x^2 + y^2} = \frac{x^2 - y^2}{x^2 + y^2} \quad \text{(b)}$$

將(a)，(b)兩式代入原極坐標方程式得

$$x^2+y^2=\frac{a^2(x^2-y^2)}{x^2+y^2}$$

即 $(x^2+y^2)^2=a^2\cdot(x^2-y^2)$ ■

例 6　化 $x^2+y^2=25$ 為極坐標方程式。

解　以 $x=r\cos\theta,\ y=r\sin\theta$ 代入原式得

$r^2\cos^2\theta+r^2\sin^2\theta=25$

即 $r^2=25$ 或 $r=\pm5$

因為我們規定 $r>0$，所以 $r=5$。 ■

在本書第二冊第十三章裡，我們討論過圓錐曲線的「焦點、準線、離心率」之觀點：在平面上，設 L 為一直線，且 F 點不在 L 上，$\varepsilon>0$，動點 P 若滿足

$$\frac{P\text{ 至 }F\text{ 的距離}}{P\text{ 至 }L\text{ 的距離}}=\varepsilon \tag{6}$$

則稱 P 點的軌跡為**圓錐曲線**。L 稱為**準線**，F 稱為**焦點**，ε 稱為**離心率**。參見圖 8–5。

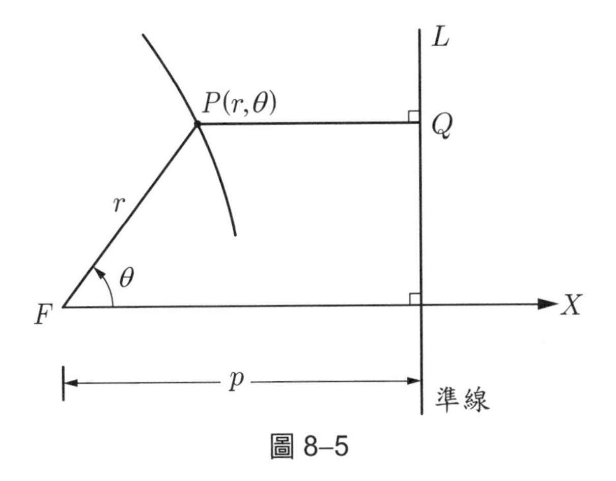

圖 8–5

現在我們就來求圓錐曲線的極坐標方程式，這在牛頓研究行星運動時，扮演了舉足輕重的角色。

在圖 8–5 中，我們取焦點 F 為極點，並且取極軸 $\overrightarrow{FX}$ 垂直於準線 L。設動點 P 的極坐標為 (r, θ)，並且 F 點至準線的距離為 p，則 $\overline{PF}=r$, $\overline{PQ}=p-r\cos\theta$。由(6)式得知

$$\frac{r}{p-r\cos\theta}=\varepsilon \tag{7}$$

對(7)式解出 r 得

$$r=\frac{\varepsilon p}{1+\varepsilon\cos\theta} \tag{8}$$

這就是**圓錐曲線的極坐標方程式**，並且

(1)當 $0<\varepsilon<1$ 時，(8)式表示**橢圓**，

(2)當 $\varepsilon=1$ 時，(8)式表示**拋物線**，

(3)當 $\varepsilon>1$ 時，(8)式表示**雙曲線**。

例 7 $r=\dfrac{8}{5+6\cos\theta}$ 表示何種曲線?

解 $r=\dfrac{\frac{8}{5}}{1+\frac{6}{5}\cos\theta}=\dfrac{(\frac{6}{5})\cdot(\frac{8}{6})}{1+\frac{6}{5}\cos\theta}$

此式與(8)式作比較，可知 $\varepsilon=\dfrac{6}{5}>1$, $p=\dfrac{8}{6}$。所以原極坐標方程式的圖形為雙曲線。 ■

丁、極坐標方程式的作圖

本段我們要來討論：給一個極坐標方程式 $f(r, \theta)=0$，如何在極平面上作出其圖形。讓我們先來討論極坐標的**對稱性**，這很有助於作圖。

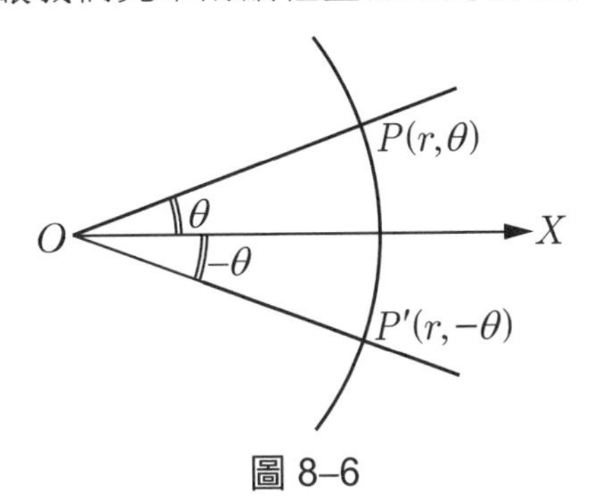

圖 8–6

(1)**對於極軸的對稱性**：如圖 8–6 設 P 點的極坐標為 (r, θ)，P' 點與 P 點對稱於極軸 $\overrightarrow{OX}$，則 P' 點的極坐標為 $(r, -\theta)$。因此一個極坐標方程式 $f(r, \theta)=0$，若用 $(r, -\theta)$ 代入，而保持不變的話，則軌跡**對稱於極軸**。

(2)**對於極點的對稱性**：如圖 8–7，若 P 與 P' 對稱於極點 O，則 P' 點的極坐標為 $(r, 180°+\theta)$。因此一個極坐標方程式 $f(r, \theta)=0$，若用 $(r, 180°+\theta)$ 代入，仍保持不變，則其軌跡**對稱於極點**。

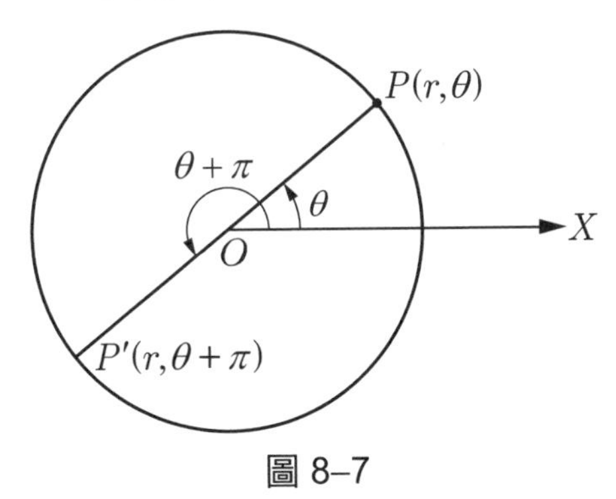

圖 8–7

(3)對於過極點的極軸垂線的對稱性：如圖 8–8，若 P 與 P' 對於 $\overline{OX}$ 的垂線 $\overline{OB}$ 對稱，則 P' 點的坐標為 $(r,\ 180°-\theta)$，因此一個極坐標方程式 $f(r,\ \theta)=0$，若用 $(r,\ 180°-\theta)$ 代入，仍保持不變，則其軌跡對稱於極軸的垂線。

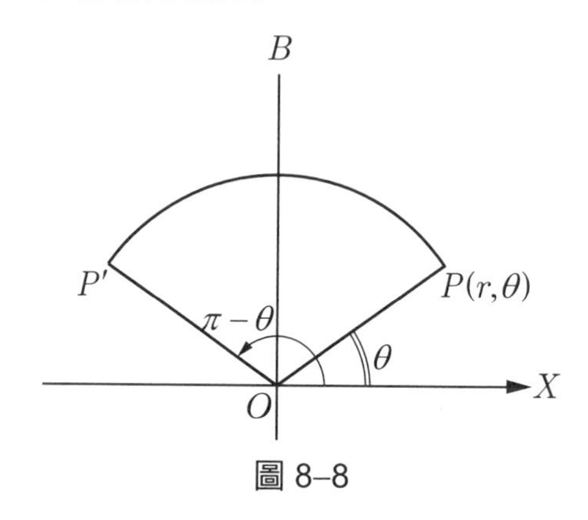

圖 8–8

例 8　極坐標方程式 $r=a+b\cos\theta$ 中不改 r，而改 θ 為 $-\theta$，原式不變，故所表曲線對極軸 $\overrightarrow{OX}$ 為對稱。■

現在考慮極坐標方程式的作圖。將滿足一個極坐標方程式的所有點在極平面上描繪出來，就得到極坐標方程式的圖形。

例 9　作極坐標方程式 $r=\dfrac{2}{1+\cos\theta}$ 的圖形。

解　(1)討論

(a)對稱：不改 r，而改 θ 為 $-\theta$，方程式不變，故曲線對稱於極軸。

(b)範圍：如 $1+\cos\theta\to 0$，則 $r\to\infty$；即 $\theta=180°$ 時，曲線上的點向無窮遠處移動。θ 本可為任意值，但因(a)中所述的對稱關係，故只須列出 $0°$ 至 $180°$ 的坐標就好了

(如下表)。按表作出曲線的一部分，再由對稱於極軸的關係，即得全圖，為一個拋物線，參見圖 8–9。

(2)作出 θ 與 r 某些值

θ	0°	15°	30°	45°	60°	75°	90°
r	1	1.02	1.07	1.2	1.3	1.6	2

θ	105°	120°	135°	150°	165°	180°
r	2.7	4	6.8	14	59	∞

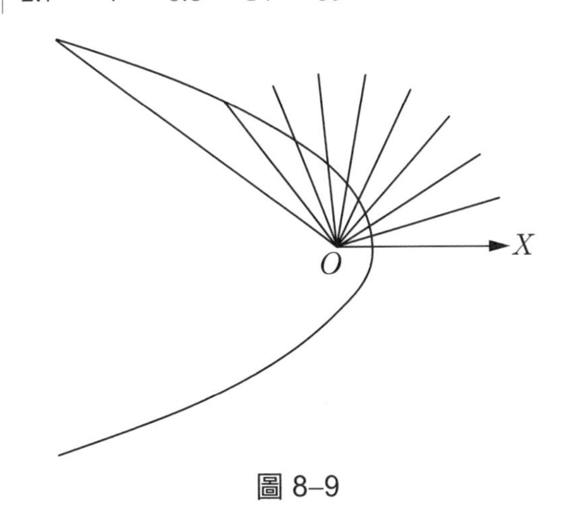

圖 8–9 ■

例 10　作極坐標方程式 $r^2=\cos 2\theta$ 的圖形。

解　(1)對稱性：在上式中，以 $(r,\ -\theta)$, $(r,\ \pi+\theta)$ 及 $(r,\ \pi-\theta)$ 代替 (r,θ) 方程式都保持不變，因此曲線對稱於極軸，極點，和直線 $\theta=90°$。

(2)範圍：$\cos 2\theta$ 的極大值是 1，所以 r 的極大值是 1，故這曲線不能到無窮處。

如 $90°<2\theta<270°$，即 $45°<\theta<135°$ 時，$\cos 2\theta<0$，因此 r 為虛數，故曲線在 45° 至 135° 之間無圖形。

(3)今列 θ 值自 0° 至 45° 如下表：

θ	0°	15°	30°	45°
r	±1	±.93	±.7	0

根據(1)和(3)描繪得圖 8–10。

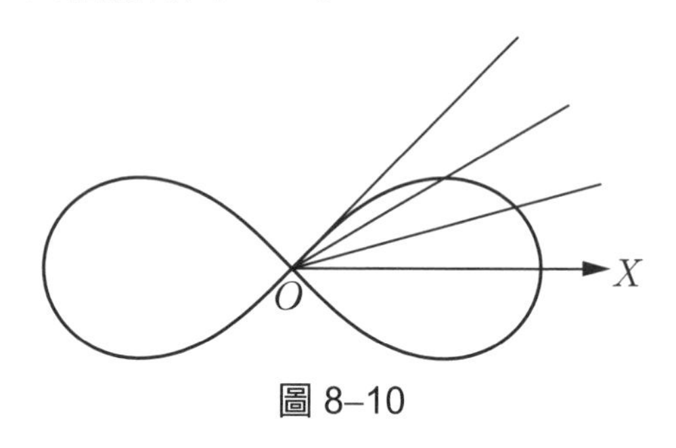

圖 8–10

（註：這曲線叫做**雙紐曲線**，或**兩瓣玫瑰線**。）

例 11 求作極坐標方程式 $r=1+2\cos\theta$ 的圖形。

解 (1)對稱性：在上式中，以 $(r, -\theta)$ 代替 (r, θ) 仍然保持不變，因此其圖形對稱於極軸 $\overrightarrow{OX}$。

(2)範圍：$\cos\theta$ 的值，必介於 +1 與 −1 之間，故 r 值的範圍為 $-1\le r\le 3$，故曲線不能到無窮遠處。因為 $r\ge 0$，故 $\cos\theta\ge\frac{-1}{2}$ 故 θ 不在 120° 到 240° 之間，但因對稱性的關係，只須取 θ 的值從 0° 起至 120° 止就好了。

(3)今列 r 與 θ 的相應值如下：

θ	0°	30°	45°	60°	90°	120°	135°	150°	180°
r	3	2.7	2.4	2	1	0	−0.4	−0.7	−1

(4)描點連成曲線，再依對稱性，便得圖 8–11。

（註：這叫做**巴斯卡蚶線**。）

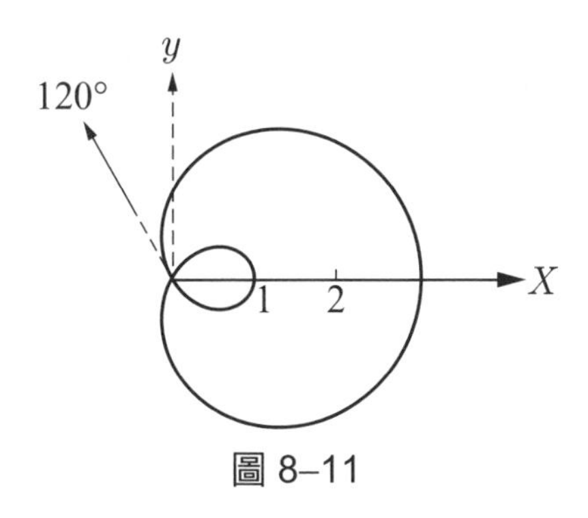

圖 8–11

■

習　題　8–1

1. 試求下列各組兩點間的距離。

(1) $(2,\ 210°),\ (4,\ 30°)$　　(2) $(4,\ 45°),\ (-6,\ 45°)$

(3) $(1,\ 30°),\ (-2,\ 240°)$　　(4) $(-2,\ 90°),\ (5,\ 60°)$

2. 求 $(4,\ 60°)$ 與 $(3,\ 30°)$ 兩點連線與極軸所成的角。

3. 試將下列直角坐標改成極坐標：

(1) $(\sqrt{2},\ -\sqrt{2})$　　(2) $(-1,\ 0)$

(3) $(-\sqrt{3},\ 1)$　　(4) $(3,\ -\sqrt{3})$

4. 試將下列之極坐標方程式化為直角坐標方程式：

(1) $r = 2a\sin\theta + 2b\cos\theta$　　(2) $r = \dfrac{9}{5 - 4\cos\theta}$

(3) $r = a\theta$　　(4) $\theta = \dfrac{\pi}{4}$

(5) $r = 2\sin 2\theta$　　(6) $r^2 = a^2\sin 2\theta$

5. 作出下列各極坐標方程式的圖形:

(1) $r=2(1-\cos\theta)$　　(2) $r=a\cos 2\theta$

(3) $r=4\cos\theta$　　(4) $r=4\sin\theta$

(5) $r=3\sin 4\theta$　　(6) $r=\theta$

(7) $r=e^{\theta}$　　(8) $r=\dfrac{\pi}{4}$

(9) $r=a(2+\cos\theta)$　　(10) $r=a\cos(\theta+\dfrac{\pi}{6})$

8–2 曲線的長度

面對一條曲線，我們首先想知道的是它有多長?

如果我們想像這一條曲線是一條繩索，把它拉直，然後用尺去度量，就知道它的長度了。度量雖然都會有誤差，但在實用上已是可行。然而，這卻不滿足數學理論上的要求，此時我們要的是精確公式。事實上，要精確地畫出函數圖形是不容易的。

其次，我們考慮特例。如果這一條曲線是直線段的情形（注意：直線是曲線的特例!），那麼只要知道兩個端點的坐標，利用畢氏定理就可以求得直線段的長度。

一般情形的曲線呢? 如圖 8–12，如何求其精確的長度公式呢?

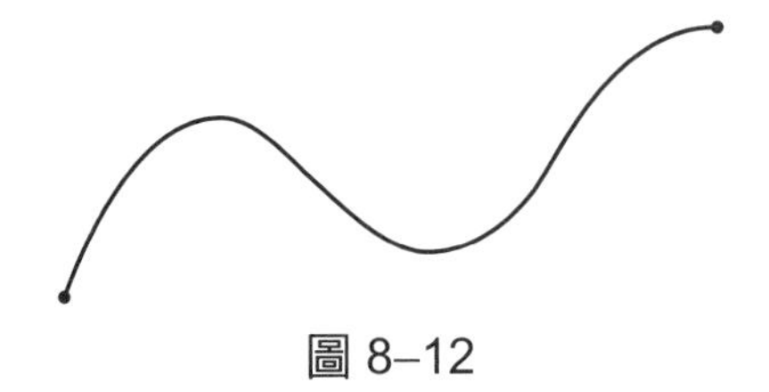

圖 8–12

假設我們知道曲線的參數方程式

$$\begin{cases} x=x(t) \\ y=y(t) \end{cases},\ t\in[a,\ b]$$

令 s 表示沿著曲線的弧長。微積分的想法是:

(1)將曲線分割成無窮多段，每一小段都是無窮小 ds，這就是**微分**，參見圖 8–13。

(2)將無窮多段的無窮小段 ds「連續地求和」就得到曲線的長度，這就是**積分**。

本來無窮小 ds 是看不見的（只能用想像的），但為了說明起見，我們作出如圖 8–13 的放大圖。

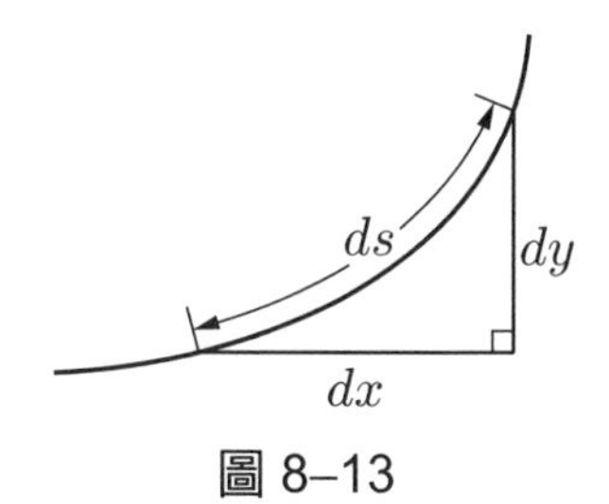

圖 8–13

無窮小的曲線段 ds 可以看作是直線段，並且圖 8–13 中的 ds, dx, dy 形成一個直角三角形。由畢氏定理知

$$(ds)^2 = (dx)^2 + (dy)^2 \tag{1}$$

或者

$$ds = \sqrt{(dx)^2 + (dy)^2} \tag{2}$$

再將(2)式改寫成

$$ds = \sqrt{(\frac{dx}{dt})^2 + (\frac{dy}{dt})^2}\,dt \tag{3}$$

對 t 從 a 到 b 作積分就得到曲線長度的公式。

定　理 1

（參數方程式的曲線長度公式）

設曲線的參數方程式為

$$x = x(t),\ y = y(t),\ a \le t \le b$$

並且 $\frac{dx}{dt}$ 與 $\frac{dy}{dt}$ 皆為定義在 $[a, b]$ 上的連續函數，則曲線的長度 L 為

$$L = \int_a^b \sqrt{(\frac{dx}{dt})^2 + (\frac{dy}{dt})^2}\, dt \tag{4}$$

以上我們是採用「無窮小論證法」來推導曲線長度公式。事實上，我們也可以採用「極限論證法」(仿定積分的「四部曲」)。

如圖 8–14，將曲線分割成 n 段，再將 $n+1$ 個分割點連結成一條折線，令其中第 k 小段的長度為 Δs_k，則由畢氏定理知

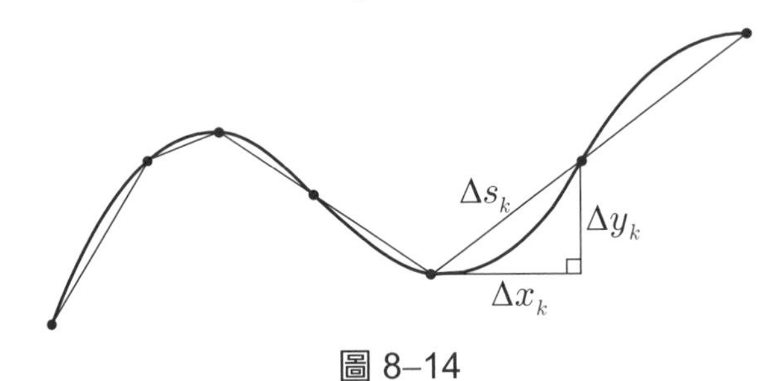

圖 8–14

$$\Delta s_k = \sqrt{(\Delta x_k)^2 + (\Delta y_k)^2}$$

$$= \sqrt{(\frac{\Delta x_k}{\Delta t_k})^2 + (\frac{\Delta y_k}{\Delta t_k})^2}\, \Delta t_k$$

於是 n 段之和為

$$\sum_{k=1}^{n}\Delta s_k=\sum_{k=1}^{n}\sqrt{(\frac{\Delta x_k}{\Delta t_k})^2+(\frac{\Delta y_k}{\Delta t_k})^2}\Delta t_k$$

再取極限，即讓每一分割小段皆趨近於 0，就得到(4)式的曲線長度公式。

如果曲線是由直角坐標的函數

$$y=f(x),\ x\in[a,\ b]$$

所給定，那麼我們就先改為參數方程式

$$\begin{cases}x=t\\ y=f(t)\end{cases},\ t\in[a,\ b]$$

因為 $\frac{dx}{dt}=1$ 且 $dx=dt$，代入(4)式，所以我們就得到：

定　理 2

（曲線 $y=f(x)$ 的長度公式）

設曲線的方程式為

$$y=f(x),\ x\in[a,\ b]$$

並且 f' 為 $[a,\ b]$ 上的連續函數，則曲線長度為

$$L=\int_a^b\sqrt{1+(\frac{dy}{dx})^2}dx \tag{5}$$

如果曲線是由極坐標方程式

$$r=f(\theta),\ \alpha\le\theta\le\beta$$

所給定，那麼我們可以這樣求曲線的長度：

當角度變化量無窮小 $d\theta$ 時，圖 8–15 斜影三角形可視為直角三角形，故由畢氏定理得 $(ds)^2=(dr)^2+(rd\theta)^2$

$$\therefore ds=\sqrt{(dr)^2+r^2(d\theta)^2}$$

$$=\sqrt{(\frac{dr}{d\theta})^2+r^2}\,d\theta \tag{6}$$

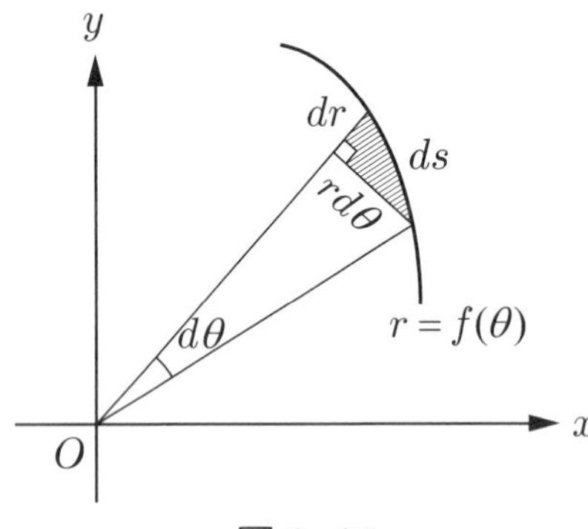

圖 8–15

再對 θ 從 α 到 β 作積分就得到：

定　理 3

（極坐標方程式的曲線長度公式）

設曲線的極坐標方程式為

$$r=f(\theta),\ \alpha\le\theta\le\beta$$

並且 $\frac{dr}{d\theta}$ 為 $[\alpha, \beta]$ 上的連續函數，則曲線的長度為

$$L=\int_{\alpha}^{\beta}\sqrt{r^2+(\frac{dr}{d\theta})^2}\,d\theta \tag{7}$$

隨堂練習　將 $r=f(\theta)$ 改為參數方程式，然後由(4)式推導出(7)式。

例 1　求懸垂線 (Catenary) $y=\frac{1}{2}(e^x+e^{-x})=\cosh x$，$x$ 從 0 到 a 之間曲線的弧長。

解　$\frac{dy}{dx}=\frac{1}{2}(e^x-e^{-x})=\sinh x$

$(\frac{dy}{dx})^2=\sinh^2 x$

$\therefore 1+(\frac{dy}{dx})^2=1+\sinh^2 x=\cosh^2 x$

於是 $\sqrt{1+(\frac{dy}{dx})^2}=\sqrt{\cosh^2 x}=\cosh x$

因此弧長為

$L=\int_0^a \cosh x dx=\sinh x\big|_0^a=\sinh a$

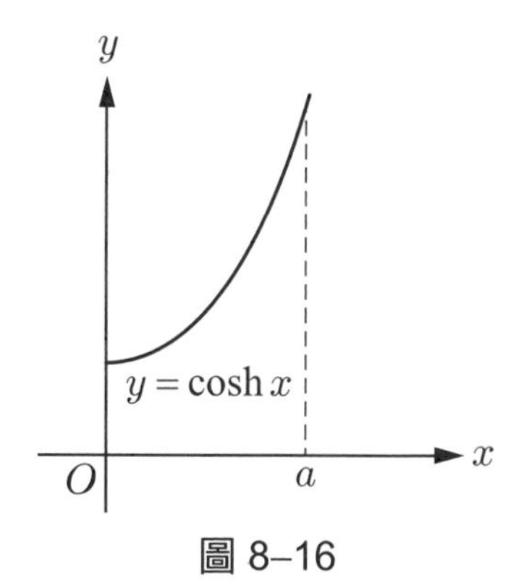

圖 8–16

■

例 2　求擺線 $x=\theta-\sin\theta,\ y=1-\cos\theta$ 的一拱的長度，參見圖 8–17。

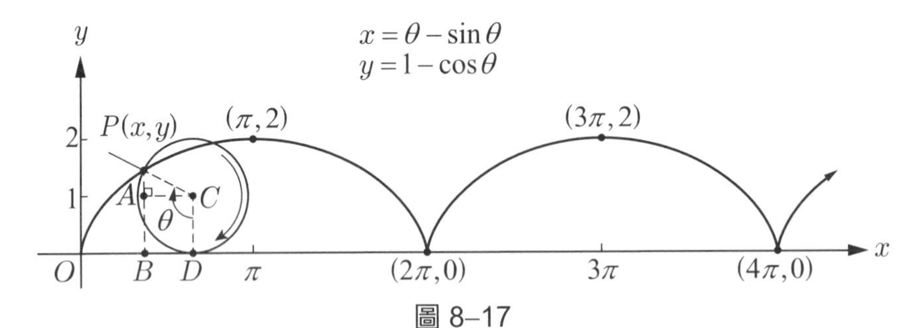

圖 8–17

解　$L=\int_0^{2\pi}\sqrt{(\frac{dx}{d\theta})^2+(\frac{dy}{d\theta})^2}\,d\theta$

$=\int_0^{2\pi}\sqrt{(1-\cos\theta)^2+\sin^2\theta}\,d\theta$

$=\sqrt{2}\int_0^{2\pi}\sqrt{1-\cos\theta}\,d\theta=2\int_0^{2\pi}\sin\frac{\theta}{2}d\theta=8$ ■

例 3　求螺線 $r=e^{-3\theta},\ 0\le\theta\le2\pi$ 的長度。

解　$\frac{dr}{d\theta}=-3e^{-3\theta}$

∴曲線長為

$L=\int_0^{2\pi}\sqrt{r^2+(\frac{dr}{d\theta})^2}\,d\theta=\int_0^{2\pi}\sqrt{(e^{-3\theta})^2+(-3e^{-3\theta})^2}\,d\theta$

$=\int_0^{2\pi}\sqrt{e^{-6\theta}+9e^{-6\theta}}\,d\theta=\sqrt{10}\int_0^{2\pi}\sqrt{e^{-6\theta}}\,d\theta$

$=\sqrt{10}\int_0^{2\pi}e^{-3\theta}d\theta=\sqrt{10}\left.\frac{e^{-3\theta}}{-3}\right|_0^{2\pi}$

$=\sqrt{10}(\frac{e^{-3\cdot2\pi}}{-3}-\frac{e^{-3\cdot0}}{-3})=\sqrt{10}(\frac{e^{-6\pi}}{-3}+\frac{1}{3})$

$=\frac{\sqrt{10}}{3}(1-e^{-6\pi})$ ■

習　題　8–2

求下列曲線的長度：

1. $x = 4t + 3,\ y = 3t - 2,\ 0 \le t \le 2$
2. $x = \cos^3 t,\ y = \sin^3 t,\ 0 \le t \le \dfrac{\pi}{2}$
3. $x = \dfrac{1}{3}t^3,\ y = \dfrac{1}{2}t^2,\ 0 \le t \le 1$
4. $x = \dfrac{1}{3}t^3,\ y = \dfrac{1}{2}t^2,\ -1 \le t \le 0$
5. $x = \cos 2t,\ y = \sin 2t,\ 0 \le t \le \dfrac{\pi}{2}$
6. $x = e^t(\sin t + \cos t),\ y = e^t(\cos t - \sin t),\ 1 \le t \le 4$
7. $x = (1 + t)^2,\ y = (1 + t)^3,\ 0 \le t \le 1$
8. $x = e^t \cos t,\ y = e^t \sin t,\ 0 \le t \le \dfrac{\pi}{2}$
9. $y = \dfrac{1}{3}x^3 + \dfrac{1}{4x},\ 1 \le x \le 3$
10. $y = \dfrac{2}{3}(1 + x^2)^{\frac{3}{2}},\ 0 \le x \le 3$
11. $r = e^{\theta},\ 0 \le \theta \le 1$
12. $r = 1 + \cos\theta,\ 0 \le \theta \le 2\pi$

8–3　曲率與曲率圓

如何衡量一條平面曲線的彎曲程度?

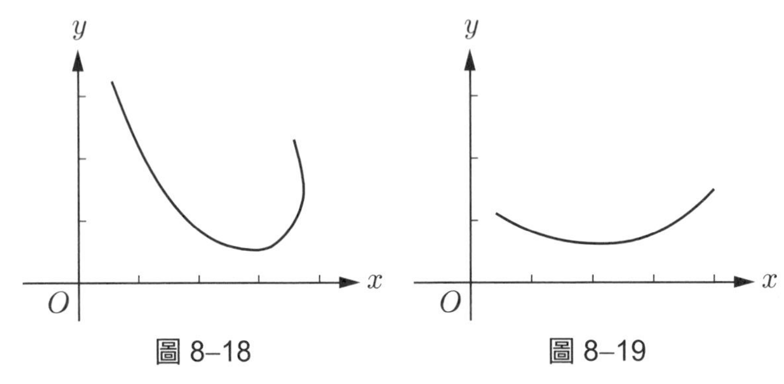

圖 8–18　　　　圖 8–19

首先我們觀察兩條曲線，圖 8–18 比圖 8–19 彎曲得厲害。我們也注意到，曲線上每一點的彎曲程度可能都不同。直線與圓是兩個極端特例，直線不彎曲，而圓是每一點的彎曲程度都一樣，並且圓的半徑越小時，彎曲程度越大。我們用**曲率** (curvature) 來表示曲線的彎曲程度，於是就有圖 8–20 的直觀結果。

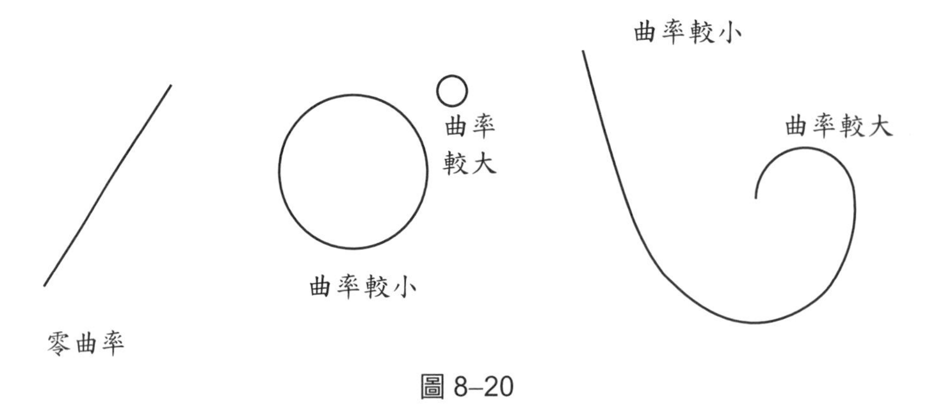

圖 8–20

在日常生活中，我們都有經驗，當我們沿著一條曲線道路作等速跑步時，在彎曲越厲害的地方，我們每跑一個單位距離，方向的變化就越大。因為方向可以利用方向角來表示，所以我們很自然地就定義**曲率**為**方向角相對於曲線弧長的變化率**：在圖 8–21 中，設曲線的弧長為 s，代表曲線從 P_0 點至 P 點的長度。令 ϕ 表示過 P 點的切線與 x 軸的夾角，則曲線在 P 點的**曲率**就是

$$\kappa=\frac{d\phi}{ds} \tag{1}$$

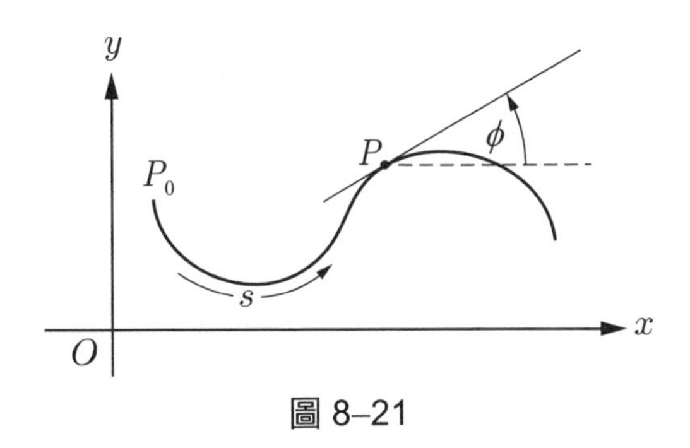

圖 8–21

（註：κ 為希臘字母，唸作 Kappa。）

當 $\kappa>0$ 時，表示在 P 點處 ϕ 為 s 之遞增函數，此時曲線沿著切線的左方彎曲。當 $\kappa<0$ 時，表示在 P 點處 ϕ 為 s 之遞減函數，此時曲線沿著切線的右方彎曲（如圖 8–21）。有些書定義曲率為 $\kappa=\left|\frac{d\phi}{ds}\right|$，但本書我們不這樣作。

定　理

(1)直線上每一點的曲率皆為 0。

(2)半徑為 a 的圓，每一點的曲率都相等，並且等於 $\frac{1}{a}$，即為半徑的倒數。

證明 (1)直線上每一點的方向角 ϕ 恆相等，即為常函數，故 $\kappa = \dfrac{d\phi}{ds} = 0$

(2)首先我們必須將 ϕ 表為弧長 s 的函數。如圖 8–22，令 s 表示由 P_0 至 P 點的圓弧長度，則

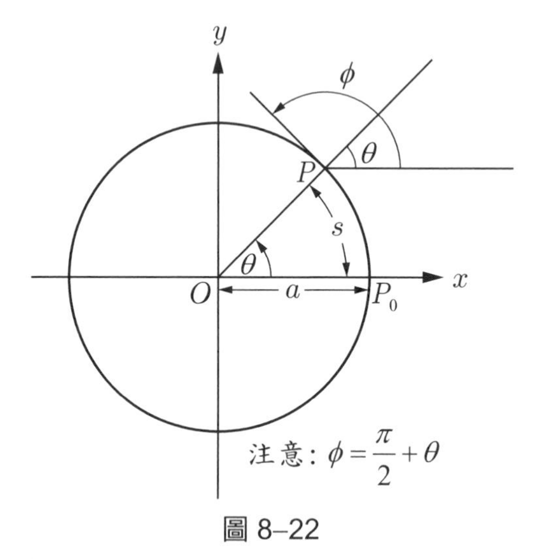

圖 8–22

$$\phi = \frac{\pi}{2} + \theta = \frac{\pi}{2} + \frac{s}{a}$$

$$\therefore \kappa = \frac{d\phi}{ds} = \frac{1}{a}$$ ■

對於函數 $y = f(x)$ 圖形上一點，如何求曲率?

因為 $\tan\phi = \dfrac{dy}{dx}$，所以

$$\phi = \tan^{-1}\frac{dy}{dx}$$

並且

$$d\phi = \frac{\dfrac{d^2y}{dx^2}}{1+(\dfrac{dy}{dx})^2}dx$$

由弧長公式 $ds = \sqrt{(dx)^2+(dy)^2}$ 得到

$$ds = \sqrt{1+(\frac{dy}{dx})^2}dx = [1+(\frac{dy}{dx})^2]^{\frac{1}{2}}dx$$

從而得到**曲率公式**

$$\kappa = \frac{d\phi}{ds} = \frac{\dfrac{d^2y}{dx^2}}{[1+(\dfrac{dy}{dx})^2]^{\frac{3}{2}}} \qquad (2)$$

例 1　求拋物線 $y = x^2$ 在頂點 (0, 0) 的曲率。

解　因為 $\dfrac{dy}{dx} = 2x$, $\dfrac{d^2y}{dx^2} = 2$，代入(2)式得

$$\kappa = \frac{2}{(1+4x^2)^{\frac{3}{2}}}$$

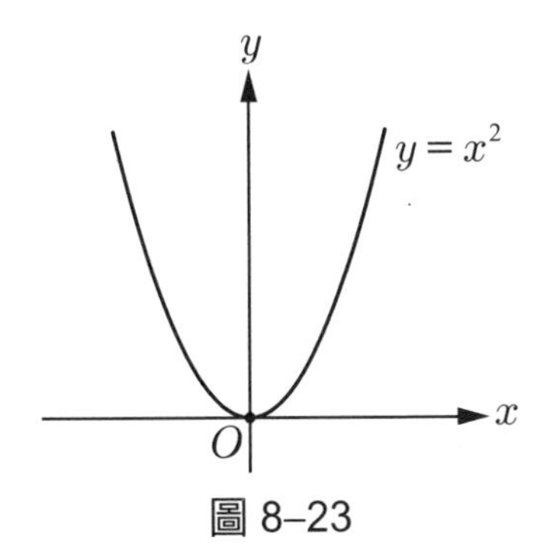

圖 8–23

當 $x = 0$ 時，$\kappa = 2$，即拋物線 $y = x^2$ 在原點的曲率為 2。 ■

若曲線由參數方程式

$$x = x(t),\ y = y(t)$$

所給定，則由

$$\phi = \tan^{-1}\frac{\frac{dy}{dt}}{\frac{dx}{dt}}$$

$$d\phi = \frac{(\frac{dx}{dt})(\frac{d^2y}{dt^2}) - (\frac{dy}{dt})(\frac{d^2x}{dt^2})}{(\frac{dx}{dt})^2 + (\frac{dy}{dt})^2}dt$$

與

$$ds = \sqrt{(\frac{dx}{dt})^2 + (\frac{dy}{dt})^2}\,dt = [(\frac{dx}{dt})^2 + (\frac{dy}{dt})^2]^{\frac{1}{2}}dt$$

可得**曲率公式**為

$$\kappa = \frac{d\phi}{ds} = \frac{(\frac{dx}{dt})(\frac{d^2y}{dt^2}) - (\frac{dy}{dt})(\frac{d^2x}{dt^2})}{[(\frac{dx}{dt})^2 + (\frac{dy}{dt})^2]^{\frac{3}{2}}}$$

$$= \frac{x'y'' - y'x''}{[(x')^2 + (y')^2]^{\frac{3}{2}}} \qquad (3)$$

例 2 求擺線 $x=\theta-\sin\theta,\ y=1-\cos\theta$ 的曲率公式。

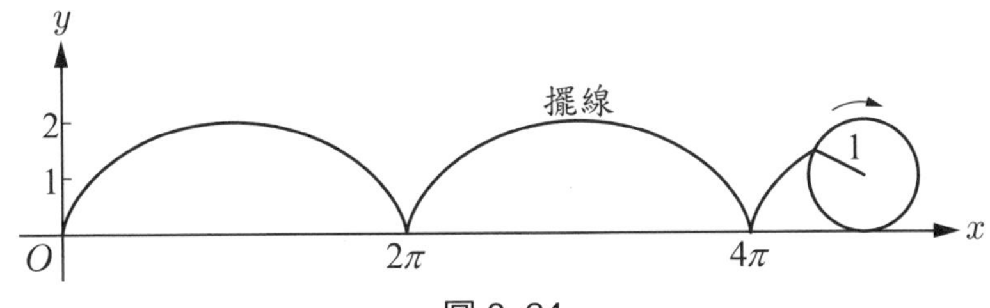

圖 8–24

解 以 $\dfrac{dx}{d\theta}=1-\cos\theta,\ \dfrac{dy}{d\theta}=\sin\theta$

$$\frac{d^2x}{d\theta^2}=\sin\theta,\ \frac{d^2y}{d\theta^2}=\cos\theta$$

代入(3)式得到

$$\varkappa=\frac{(1-\cos\theta)\cos\theta-\sin\theta\cdot\sin\theta}{[(1-\cos\theta)^2+\sin^2\theta]^{\frac{3}{2}}}$$

$$=\frac{\cos\theta-1}{2^{\frac{3}{2}}(1-\cos\theta)^{\frac{3}{2}}}$$

$$=\frac{-1}{2^{\frac{3}{2}}\sqrt{1-\cos\theta}}$$ ■

如果 P 為曲線上一點，$\varkappa$ 為 P 點的曲率且 $\varkappa\neq 0$，過 P 點向彎曲的一側作法線，參見圖 8–25，則通過 P 點且圓心在法線上的圓將會跟曲線相切於 P 點，其中曲率為 $|\varkappa|$ 的圓，叫做**曲率圓** (circle of curvature)，其半徑 $r=\dfrac{1}{|\varkappa|}$ 叫做**曲率半徑** (radius of curvature)，其圓心叫做**曲率中心** (center of curvature)。

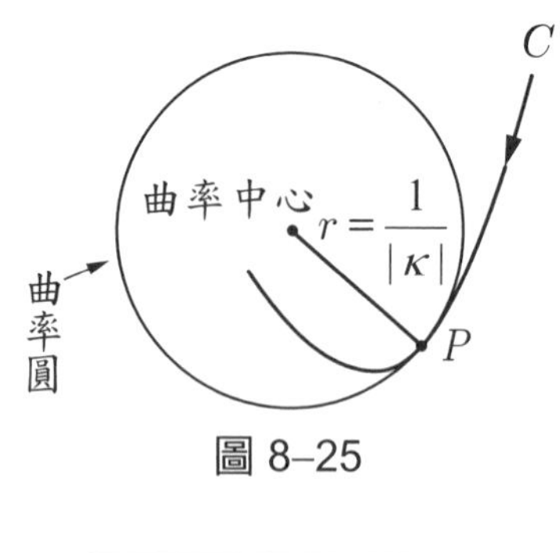

圖 8–25

習　題　8–3

求下列各曲線的曲率，表成 x 或 t 的函數：

1. $y=\sqrt{x}$
2. $y=\ln\sec x$
3. $y=x+\frac{1}{x}$
4. $x=e^t\sin t,\ y=e^t\cos t$
5. $y=t^2,\ y=\ln t$

求下列各曲線在指定點的曲率：

6. $y=\sin x,\ x=\frac{\pi}{2}$
7. $y=\ln x,\ x=1$
8. $x=t,\ y=t^2,\ t=1$
9. $x=t,\ y=\sqrt{t},\ t=2$

求下列各曲線在指定點的曲率半徑：

10. $x=t-\sin t,\ y=1-\cos t,\ t=\pi$
11. $x=2\cos\ t,\ y=\sin\ t,\ t=0$ 與 $t=\frac{\pi}{2}$
12. $y^2=4px,\ x=0$

附表一　微分公式表

設 c 為常數，f, g 為 x 的函數：

1. $Dc = 0$
2. $D(cf) = cDf$
3. $D(f+g) = Df + Dg$
4. $D(f \cdot g) = fDg + gDf$
5. $D(\frac{f}{g}) = \frac{gDf - fDg}{g^2}$
6. $Dx^{\alpha} = \alpha x^{\alpha-1}$, $\alpha \in \mathbb{R}$
7. $De^x = e^x$
8. $Da^x = a^x \cdot \ln a$
9. $D\ln x = \frac{1}{x}$
10. $D\log_a x = \frac{1}{x}\log_a e$
11. $D\sin x = \cos x$
12. $D\cos x = -\sin x$
13. $D\tan x = \sec^2 x$
14. $D\cot x = -\csc^2 x$
15. $D\sec x = \sec x \tan x$
16. $D\csc x = -\csc x \cot x$
17. $D\sin^{-1} x = \frac{1}{\sqrt{1-x^2}}$
18. $D\cos^{-1} x = \frac{-1}{\sqrt{1-x^2}}$

19. $D\tan^{-1}x=\dfrac{1}{1+x^2}$

20. $D\cot^{-1}x=\dfrac{-1}{1+x^2}$

21. $D\sec^{-1}x=\dfrac{1}{|x|\sqrt{x^2-1}}$

22. $D\csc^{-1}x=\dfrac{-1}{|x|\sqrt{x^2-1}}$

23. $D\int_a^x f(u)du=f(x)$

24.連鎖規則：若 $y=f(u)$ 且 $u=g(x)$，則 $\dfrac{dy}{dx}=\dfrac{dy}{du}\cdot\dfrac{du}{dx}$

25. $D\sinh x=\cosh x$

26. $D\cosh x=\sinh x$

極限公式

1. $\lim\limits_{x\to 0}\dfrac{\sin x}{x}=1$

2. $\lim\limits_{x\to 0}\dfrac{\cos x-1}{x}=0$

3. $\lim\limits_{n\to\infty}(1+\dfrac{1}{n})^n=e=2.71828\cdots$

4. Stirling 公式：

$n!\sim\sqrt{2\pi n}\,n^n e^{-n}$

即 $\lim\limits_{n\to\infty}\dfrac{n!}{\sqrt{2\pi n}\,n^n e^{-n}}=1$

5. Wallis 公式：

$\dfrac{\pi}{2}=\dfrac{2}{1}\cdot\dfrac{2}{3}\cdot\dfrac{4}{3}\cdot\dfrac{4}{5}\cdot\dfrac{6}{5}\cdot\dfrac{6}{7}\cdots$

附表二　積分公式表

（積分常數一概省略）

一、常用的簡單積分公式

1. $\int x^n dx = \dfrac{x^{n+1}}{n+1},\ n \neq -1$

2. $\int \dfrac{dx}{x} = \ln|x|,\ x \neq 0$ 或 $\ln x,\ x > 0$

3. $\int e^x dx = e^x$

4. $\int a^x dx = \dfrac{a^x}{\ln a}$

5. $\int \sin x dx = -\cos x$

6. $\int \cos x dx = \sin x$

7. $\int \tan x dx = -\ln|\cos x|$

8. $\int \cot x dx = \ln|\sin x|$

9. $\int \sec^2 x dx = \tan x$

10. $\int \csc^2 x dx = -\cot x$

11. $\int \sec x \tan x dx = \sec x$

12. $\int \csc x \cot x dx = -\csc x$

13. $\int \sec x dx = \ln|\sec x + \tan x|$

14. $\int \csc x dx = \ln|\csc x - \cot x|$

15. $\int \frac{dx}{\sqrt{a^2 - x^2}} = \sin^{-1}\frac{x}{a}$

16. $\int \frac{dx}{a^2 + x^2} = \frac{1}{a}\tan^{-1}\frac{x}{a}$

17. $\int u dv = uv - \int v du$（分部積分）

二、含 $a + bx$ 的積分

18. $\int (a+bx)^n dx = \frac{(a+bx)^{n+1}}{b(n+1)}, \; n \neq -1$

19. $\int \frac{dx}{a+bx} = \frac{1}{b}\ln|a+bx|$

20. $\int \frac{dx}{x(a+bx)} = \frac{1}{a}\ln\left|\frac{x}{a+bx}\right|$

21. $\int \frac{dx}{x^2(a+bx)} = -\frac{1}{ax} + \frac{b}{a^2}\ln\left|\frac{a+bx}{x}\right|$

22. $\int \frac{dx}{x(a+bx)^2} = \frac{1}{a(a+bx)} - \frac{1}{a^2}\ln\left|\frac{a+bx}{x}\right|$

23. $\int \frac{xdx}{a+bx} = \frac{x}{b} - \frac{a}{b^2}\ln|a+bx|$

24. $\int \frac{xdx}{(a+bx)^2} = \frac{a}{b^2(a+bx)} + \frac{1}{b^2}\ln|a+bx|$

25. $\int x\sqrt{a+bx}\,dx = \frac{2(3bx-2a)(a+bx)^{\frac{3}{2}}}{15b^2}$

26. $\int \frac{xdx}{\sqrt{a+bx}} = \frac{2(bx-2a)\sqrt{a+bx}}{3b^2}$

27. $\int x^2\sqrt{a+bx}\,dx=\dfrac{2(15b^2x^2-12abx+8a^2)(a+bx)^{\frac{3}{2}}}{105b^3}$

28. $\int \dfrac{x^2dx}{\sqrt{a+bx}}=\dfrac{2(3b^2x^2-4abx+8a^2)\sqrt{a+bx}}{15b^3}$

29. $\int \dfrac{dx}{x\sqrt{a+bx}}=\dfrac{1}{\sqrt{a}}\ln\left|\dfrac{\sqrt{a+bx}-\sqrt{a}}{\sqrt{a+bx}+\sqrt{a}}\right|$，若 $a>0$

30. $\int \dfrac{dx}{x\sqrt{a+bx}}=\dfrac{2}{\sqrt{-a}}\tan^{-1}\sqrt{\dfrac{a+bx}{-a}}$，若 $a<0$

31. $\int \dfrac{\sqrt{a+bx}}{x}dx=2\sqrt{a+bx}+a\int \dfrac{dx}{x\sqrt{a+bx}}$

32. $\int \dfrac{dx}{x^2\sqrt{a+bx}}=-\dfrac{\sqrt{a+bx}}{ax}-\dfrac{b}{2a}\int \dfrac{dx}{x\sqrt{a+bx}}$

三、含 $x^2\pm a^2$ 的積分

33. $\int \dfrac{dx}{x^2-a^2}=\dfrac{1}{2a}\ln\left|\dfrac{x-a}{x+a}\right|$

$\int \dfrac{dx}{a^2-x^2}=-\int \dfrac{dx}{x^2-a^2}$

34. $\int \dfrac{xdx}{x^2\pm a^2}=\dfrac{1}{2}\ln\left|x^2\pm a^2\right|$

35. $\int \dfrac{x^2dx}{x^2-a^2}=x+\dfrac{a}{2}\ln\left|\dfrac{x-a}{x+a}\right|$

36. $\int \dfrac{x^2dx}{x^2+a^2}=x-a\tan^{-1}\dfrac{x}{a}$

37. $\int \dfrac{dx}{x(x^2\pm a^2)}=\pm\dfrac{1}{2a^2}\ln\left|\dfrac{x^2}{x^2\pm a^2}\right|$

四、含 $\sqrt{x^2 \pm a^2}$, $a > 0$ 的積分

38. $\int \sqrt{x^2 \pm a^2}\,dx = \frac{x}{2}\sqrt{x^2 \pm a^2} \pm \frac{a^2}{2}\ln\left|x + \sqrt{x^2 \pm a^2}\right|$

39. $\int x\sqrt{x^2 \pm a^2}\,dx = \frac{1}{3}(x^2 \pm a^2)^{\frac{3}{2}}$

40. $\int x^2\sqrt{x^2 \pm a^2}\,dx = \frac{x}{8}(2x^2 \pm a^2)\sqrt{x^2 \pm a^2} - \frac{a^4}{8}\ln\left|x + \sqrt{x^2 \pm a^2}\right|$

41. $\int \frac{\sqrt{x^2 - a^2}}{x}dx = \sqrt{x^2 - a^2} - a\cos^{-1}\frac{a}{|x|}$

42. $\int \frac{\sqrt{x^2 + a^2}}{x}dx = \sqrt{x^2 + a^2} - a\ln\frac{a + \sqrt{x^2 + a^2}}{|x|}$

43. $\int \frac{\sqrt{x^2 \pm a^2}}{x^2}dx = -\frac{\sqrt{x^2 \pm a^2}}{x} + \ln\left|x + \sqrt{x^2 \pm a^2}\right|$

44. $\int \frac{dx}{\sqrt{a^2 + x^2}} = \ln(x + \sqrt{a^2 + x^2})$

45. $\int \frac{dx}{\sqrt{x^2 - a^2}} = \ln\left|x + \sqrt{x^2 - a^2}\right|$

46. $\int \frac{dx}{\sqrt{x^2 \pm a^2}} = \sqrt{x^2 \pm a^2}$

47. $\int \frac{x^2dx}{\sqrt{x^2 \pm a^2}} = \frac{x}{2}\sqrt{x^2 \pm a^2} \mp \frac{a^2}{2}\ln\left|x + \sqrt{x^2 \pm a^2}\right|$

48. $\int \frac{dx}{x\sqrt{x^2 - a^2}} = \frac{1}{a}\cos^{-1}\frac{a}{|x|}$

49. $\int \frac{dx}{x\sqrt{x^2 + a^2}} = \frac{1}{a}\ln\frac{|x|}{a + \sqrt{x^2 + a^2}}$

50. $\int \frac{dx}{x^2\sqrt{x^2 \pm a^2}} = \mp\frac{\sqrt{x^2 \pm a^2}}{a^2x}$

51. $\int \frac{dx}{x^3\sqrt{x^2-a^2}} = \frac{\sqrt{x^2-a^2}}{2a^2x^2} + \frac{1}{2a^3}\cos^{-1}\frac{a}{|x|}$

52. $\int \frac{dx}{x^3\sqrt{x^2+a^2}} = -\frac{\sqrt{x^2+a^2}}{2a^2x^2} + \frac{1}{2a^3}\ln\frac{a+\sqrt{x^2+a^2}}{|x|}$

53. $\int (x^2 \pm a^2)^{\frac{3}{2}} dx = \frac{x}{8}(2x^2 \pm 5a^2)\sqrt{x^2 \pm a^2} + \frac{3a^4}{8}\ln\left|x+\sqrt{x^2 \pm a^2}\right|$

54. $\int \frac{dx}{(x^2 \pm a^2)^{\frac{3}{2}}} = \frac{\pm x}{a^2\sqrt{x^2 \pm a^2}}$

55. $\int \frac{xdx}{(x^2 \pm a^2)^{\frac{3}{2}}} = \frac{-1}{\sqrt{x^2 \pm a^2}}$

56. $\int \frac{x^2dx}{(x^2 \pm a^2)^{\frac{3}{2}}} = \frac{-x}{\sqrt{x^2 \pm a^2}} + \ln\left|x+\sqrt{x^2 \pm a^2}\right|$

五、含 $\sqrt{a^2-x^2}$, $a>0$ 的積分

57. $\int \sqrt{a^2-x^2}\,dx = \frac{x}{2}\sqrt{a^2-x^2} + \frac{a^2}{2}\sin^{-1}\frac{x}{a}$

58. $\int x\sqrt{a^2-x^2}\,dx = -\frac{1}{3}(a^2-x^2)^{\frac{3}{2}}$

59. $\int x^2\sqrt{a^2-x^2}\,dx = \frac{x}{8}(2x^2-a^2)\sqrt{a^2-x^2} + \frac{a^4}{8}\sin^{-1}\frac{x}{a}$

60. $\int \frac{\sqrt{a^2-x^2}}{x}dx = \sqrt{a^2-x^2} - a\ln\frac{a+\sqrt{a^2-x^2}}{|x|}$

61. $\int \frac{\sqrt{a^2-x^2}}{x^2}dx = -\frac{\sqrt{a^2-x^2}}{x} - \sin^{-1}\frac{x}{a}$

62. $\int \frac{xdx}{\sqrt{a^2-x^2}} = -\sqrt{a^2-x^2}$

63. $\int \frac{x^2dx}{\sqrt{a^2-x^2}} = -\frac{x}{2}\sqrt{a^2-x^2} + \frac{a}{2}\sin^{-1}\frac{x}{a}$

64. $\int \frac{dx}{x\sqrt{a^2-x^2}} = \frac{1}{a}\ln\frac{a-\sqrt{a^2-x^2}}{|x|}$

65. $\int \frac{dx}{x^2\sqrt{a^2-x^2}} = -\frac{\sqrt{a^2-x^2}}{a^2x^2}$

66. $\int \frac{dx}{x^3\sqrt{a^2-x^2}} = -\frac{\sqrt{a^2-x^2}}{2a^2x^2} + \frac{1}{2a^3}\ln\frac{a-\sqrt{a^2-x^2}}{|x|}$

67. $\int (a^2-x^2)^{\frac{3}{2}}dx = \frac{x}{8}(5a^2-2x^2)\sqrt{a^2-x^2} + \frac{3a^4}{8}\sin^{-1}\frac{x}{a}$

68. $\int \frac{dx}{(a^2-x^2)^{\frac{3}{2}}} = \frac{x}{a^2\sqrt{a^2-x^2}}$

69. $\int \frac{xdx}{(a^2-x^2)^{\frac{3}{2}}} = \frac{1}{\sqrt{a^2-x^2}}$

70. $\int \frac{x^2dx}{(a^2-x^2)^{\frac{3}{2}}} = \frac{x}{\sqrt{a^2-x^2}} - \sin^{-1}\frac{x}{a}$

六、含 ax^2+bx+c $(a\neq 0)$ 的積分

令 $R=ax^2+bx+c,\ D=b^2-4ac$

71. $\int \frac{dx}{R} = \frac{1}{\sqrt{D}}\ln\left|\frac{D-b-2ax}{D+b+2ax}\right|$，若 $D>0$

72. $\int \frac{dx}{R} = \frac{2}{\sqrt{-D}}\tan^{-1}(\frac{2ax+b}{\sqrt{-D}})$，若 $D<0$

73. $\int \frac{xdx}{R} = \frac{1}{2a}\ln|R| - \frac{b}{2a}\int\frac{dx}{R}$

74. $\int \frac{dx}{\sqrt{R}} = \frac{1}{\sqrt{a}}\ln\left|2ax+b+2\sqrt{a}\cdot\sqrt{R}\right|$，若 $a>0$

75. $\int \frac{dx}{\sqrt{R}} = -\frac{1}{\sqrt{-a}} \sin^{-1}(\frac{2ax+b}{\sqrt{D}})$，若 $a<0$ 且 $D>0$

76. $\int \sqrt{R}dx = \frac{(2ax+b)\sqrt{R}}{4a} - \frac{D}{8a}\int \frac{dx}{\sqrt{R}}$

77. $\int \frac{xdx}{\sqrt{R}} = \frac{\sqrt{R}}{a} - \frac{b}{2a}\int \frac{dx}{\sqrt{R}}$

78. $\int \frac{dx}{x\sqrt{R}} = -\frac{1}{\sqrt{c}} \ln\left|\frac{\sqrt{R}+\sqrt{c}}{x} + \frac{b}{2\sqrt{c}}\right|$，若 $c>0$

79. $\int \frac{dx}{x\sqrt{R}} = \frac{1}{\sqrt{-c}} \sin^{-1}(\frac{bx+2c}{x\sqrt{D}})$，若 $c<0$ 且 $D>0$

80. $\int \frac{dx}{R\sqrt{R}} = \frac{-2(2ax+b)}{D\sqrt{R}}$

81. $\int \frac{xdx}{R\sqrt{R}} = \frac{2(bx+2c)}{D\sqrt{R}}$

82. $\int R^{\frac{3}{2}}dx = \frac{2ax+b}{8a}(R-\frac{3D}{8a})R^{\frac{1}{2}} + \frac{3D^2}{128a^2}\int \frac{dx}{\sqrt{R}}$

七、含三角函數的積分

83. $\int \sin^2 xdx = \frac{x}{2} - \frac{\sin 2x}{4}$

84. $\int \cos^2 xdx = \frac{x}{2} + \frac{\sin 2x}{4}$

85. $\int \sin^3 xdx = \frac{\cos^3 x}{3} - \cos x$

86. $\int \cos^3 xdx = \sin x - \frac{\sin^3 x}{3}$

87. $\int \sin^2 ax\cos^2 axdx = \frac{x}{8} - \frac{1}{32a}\sin 4ax$

88. $\int \tan^2 xdx = \tan x - x$

89. $\int \cot^2 x dx = -\cot x - x$

90. $\int \sec^3 x dx = \frac{1}{2} \sec x \tan x + \frac{1}{2} \ln |\sec x + \tan x|$

91. $\int \csc^3 x dx = -\frac{1}{2} \csc x \cot x + \frac{1}{2} n|\csc x - \cot x|$

92. $\int x \sin x dx = \sin x - x \cos x$

93. $\int x \cos x dx = \cos x + x \sin x$

94. $\int x^2 \sin x dx = 2x \sin x - (x^2 - 2) \cos x$

95. $\int x^2 \cos x dx = 2x \cos x + (x^2 - 2) \sin x$

96. $\int \sin^n x dx = \frac{-\sin^{n-1} x \cos x}{n} + \frac{n-1}{n} \int \sin^{n-2} x dx$

97. $\int \cos^n x dx = \frac{\cos^{n-1} x \sin x}{n} + \frac{n-1}{n} \int \cos^{n-2} x dx$

98. $\int \tan^n x dx = \frac{\tan^{n-1} x}{n-1} - \int \tan^{n-2} x dx$

99. $\int \cot^n x dx = -\frac{\cot^{n-1} x}{n-1} - \int \cot^{n-2} x dx$

100. $\int \sec^n x dx = \frac{\tan x \sec^{n-2} x}{n-1} + \frac{n-2}{n-1} \int \sec^{n-2} x dx$

101. $\int \csc^n x dx = -\frac{\cot x \csc^{n-2} x}{n-1} + \frac{n-2}{n-1} \int \csc^{n-2} x dx$

102. $\int \cos^m x \sin^n x dx$

$$= \frac{\cos^{m-1} x \sin^{n+1} x}{m+n} + \frac{m-1}{m+n} \int \cos^{m-2} x \sin^n x dx$$

$$= -\frac{\sin^{n-1} x \cos^{m+1} x}{m+n} + \frac{n-1}{m+n} \int \cos^m x \sin^{n-2} x dx$$

$$= -\frac{\sin^{n+1}x\cos^{m+1}x}{m+1} + \frac{m+n+2}{m+1}\int \cos^{m+2}x\sin^{n}x\,dx$$

$$= \frac{\sin^{n+1}x\cos^{m+1}x}{n+1} + \frac{m+n+2}{m+1}\int \cos^{m}x\sin^{n+2}x\,dx$$

在 103.至 105.中假設 $a^2 \neq b^2$

103. $\int \sin ax \sin bx\,dx = \frac{\sin(a-b)x}{2(a-b)} - \frac{\sin(a+b)x}{2(a+b)}$

104. $\int \sin ax \cos bx\,dx = -\frac{\cos(a-b)x}{2(a-b)} - \frac{\cos(a+b)x}{2(a+b)}$

105. $\int \cos ax \cos bx\,dx = \frac{\sin(a-b)x}{2(a-b)} + \frac{\sin(a+b)x}{2(a+b)}$

106. $\int \frac{dx}{a+b\cos x} = \frac{2}{\sqrt{a^2-b^2}}\tan^{-1}\frac{\sqrt{a^2-b^2}\tan\frac{x}{2}}{a+b},\ a^2>b^2$

107. $\int \frac{dx}{a+b\cos x} = \frac{1}{\sqrt{b^2-a^2}}\ln\left|\frac{a+b+\sqrt{b^2-a^2}\tan\frac{x}{2}}{a+b-\sqrt{b^2-a^2}\tan\frac{x}{2}}\right|,\ a^2<b^2$

108. $\int \frac{dx}{a+b\sin x} = \frac{2}{\sqrt{a^2-b^2}}\tan^{-1}\frac{a\tan\frac{x}{2}+b}{\sqrt{a^2-b^2}},\ a^2>b^2$

109. $\int \frac{dx}{a+b\sin x} = \frac{1}{\sqrt{b^2-a^2}}\ln\left|\frac{a\tan\frac{x}{2}+b-\sqrt{b^2-a^2}}{a\tan\frac{x}{2}+b+\sqrt{b^2-a^2}}\right|,\ a^2<b^2$

110. $\int \frac{dx}{a^2\cos^2 x+b^2\sin^2 x} = \frac{1}{ab}\tan^{-1}(\frac{b\tan x}{a})$

八、含指數函數的積分

111. $\int xe^{ax}dx = \frac{e^{ax}}{a^2}(ax-1)$

112. $\int x^2 e^{ax} dx = \frac{e^{ax}}{e^3}(a^2x^2 - 2ax + 2)$

113. $\int e^{ax} \sin bx dx = \frac{e^{ax}}{a^2 + b^2}(a \sin bx - b \cos bx)$

114. $\int e^{ax} \cos bx dx = \frac{e^{ax}}{a^2 + b^2}(a \cos bx + b \sin x)$

115. $\int e^x dx = e^x$

116. $\int x e^x dx = (x - 1)e^x$

117. $\int x^n e^x dx = x^n e^x - n\int x^{n-1} e^x dx$

118. $\int \frac{dx}{1 + e^x} = x - \ln(1 + e^x)$

119. $\int \frac{dx}{1 + e^{nx}} = x - \frac{1}{n}\ln(1 + e^{nx})$

九、含反三角函數的積分（假設 $a > 0$）

120. $\int \sin^{-1}\frac{x}{a} dx = x \sin^{-1}\frac{x}{a} + \sqrt{a^2 - x^2}$

121. $\int \cos^{-1}\frac{x}{a} dx = x \cos^{-1}\frac{x}{a} - \sqrt{a^2 - x^2}$

122. $\int \tan^{-1}\frac{x}{a} dx = x \tan^{-1}\frac{x}{a} - \frac{a}{2}\ln(a^2 + x^2)$

123. $\int x \sin^{-1}\frac{x}{a} dx = \frac{1}{4}(2x^2 - a^2)\sin^{-1}\frac{x}{a} + \frac{x}{4}\sqrt{a^2 - x^2}$

124. $\int x \cos^{-1}\frac{x}{a} dx = \frac{1}{4}(2x^2 - a^2)\cos^{-1}\frac{x}{a} - \frac{x}{4}\sqrt{a^2 - x^2}$

125. $\int x \tan^{-1}\frac{x}{a} dx = \frac{1}{2}(x^2 + a^2)\tan^{-1}\frac{x}{a} - \frac{ax}{2}$

十、雜積分

126. $\int x^n \sin ax dx = -\frac{1}{a}x^n \cos ax + \frac{n}{a}\int x^{n-1}\cos ax dx$

127. $\int x^n \cos ax dx = \frac{1}{a}x^n \sin ax - \frac{n}{a}\int x^{n-1}\sin ax dx$

128. $\int x^n e^{ax} dx = \frac{x^n e^{ax}}{a} - \frac{n}{a}\int x^{n-1}e^{ax}dx$

129. $\int x^n \ln ax dx = x^{n+1}[\frac{\ln ax}{n+1} - \frac{1}{(n+1)^2}]$

130. $\int x^n (\ln ax)^m dx = \frac{x^{n+1}}{n+1}(\ln ax)^m - \frac{ma^{n+1}}{n+1}\int x^n (\ln ax)^{m-1}dx$

131. $\int \sin(\ln x)dx = \frac{x}{2}[\sin(\ln x) - \cos(\ln x)]$

132. $\int \cos(\ln x)dx = \frac{x}{2}[\sin(\ln x) + \cos(\ln x)]$

十一、定積分

133. $\int_0^{\pi} \sin^2 ax dx = \int_0^{\pi} \cos^2 ax dx$（$2a$ 為整數）

134. $\int_0^{\frac{\pi}{2}} \sin^n x dx = \int_0^{\frac{\pi}{2}} \cos^n x dx$

$$= \begin{cases} \frac{2\cdot 4 \cdots (n-1)}{3\cdot 5 \cdots n}\text{，} n \text{ 為奇整數且} > 1 \\ \frac{1\cdot 3 \cdots (n-1)}{2\cdot 4 \cdots n}\frac{\pi}{2}\text{，} n \text{ 為偶整數且} > 0 \end{cases}$$

135. $\int_0^{\frac{\pi}{2}} \sin^m x \cos^n x dx$

$$=\begin{cases}\dfrac{2\cdot 4\cdots(n-1)}{(m+1)(m+3)\cdots(m+n)} & ，n\text{ 為奇整數且} >1 \\ \dfrac{2\cdot 4\cdots(m-1)}{(n+1)(n+3)\cdots(n+m)} & ，m\text{ 為偶整數且} >1 \\ \dfrac{[1\cdot 3\cdots(m-1)][1\cdot 3\cdots(n-1)]}{2\cdot 4\cdot 6\cdots(m+n)}\dfrac{\pi}{2} & ，m\text{ 與 } n\text{ 均為偶整數且} >0\end{cases}$$

136. $\int_{-\infty}^{\infty} e^{-x^2}dx=\sqrt{\pi}$

親近科學的新角度！

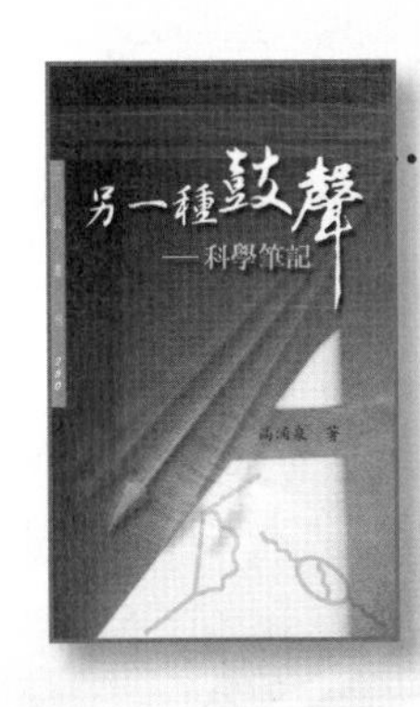

另一種鼓聲 —— 科學筆記

高涌泉　著

◆ 100 本中文物理科普書籍推薦，科學人雜誌、中央副刊書評、聯合報讀書人新書推薦

你知道嗎？從一個方程式可以看全宇宙！瞧瞧一位喜歡電影與棒球的物理學者筆下的牛頓、愛因斯坦、費曼……，是如何發現他們偉大的創見！這些有趣的故事，可是連作者在科學界的同事，也會覺得新鮮有趣！

說數

張海潮　著

◆ 2006 好書大家讀年度最佳少年兒童讀物獎，2007 年 3 月科學人雜誌專文推薦

數學家張海潮長期致力於數學教育，他深切體會許多人學習數學時的挫敗感，也深知許多人在離開中學後，對數學的認識只剩加減乘除。因此，他期望以大眾所熟悉的語言和題材來介紹數學，讓人能夠看見數學的真實面貌。

吳　京 主持
紀麗君 採訪
尤能傑 攝影

人生的另一種可能
台灣技職人的奮鬥故事

本書由前教育部部長吳京主持，採訪了十九位由技職院校畢業的優秀人士。這十九位技職人，憑藉著他們在學校中所習得的知識，和其不屈不撓的奮鬥精神，在工作崗位、人生歷練、創業過程中，都獲得令人敬佩的成就。誰說只有大學生才能出頭天，誰說只有名校畢業生才會有出息，從這些努力打拚的技職人身上，或許能讓你改變名校迷思，從而發現另一種台灣英雄的傳奇故事。

- 電玩大亨**王俊博**——穿梭在真實與夢幻之間
- 紅面番鴨王**田正德**——挖掘失傳古配方　名揚四海
- 快樂黑手**陳朝旭**——為人打造金雞母
- 永遠的學徒**林水木**——愛上速限十公里的曼波
- 傳統產業小巨人**游祥鎮**——用創意智取日本
- 自學高手**廖文添**——以實作代替空想
- 完美先生**張建成**——靠努力贏得廠長寶座
- 木雕藝師**楊永在**——為藝術當逐日夸父
- 拚命三郎**梁志忠**——致力搶救古文物
- 發明大王**鄧鴻吉**——立志挑戰愛迪生
- 回頭浪子**劉正裕**——從「極冷」追逐夢想
- 現代書生**曹國策**——執著當眾人圭臬
- 小醫院大總管**鄭琨昌**——重拾書本再創新天地
- 微笑慈善家**黃志宜**——人生以助人為樂
- 生活哲學家**林木春**——奉行兩分耕耘，一分收穫
- 折翼天使**李志強**——用單腳追尋桃花源
- 堅毅女傑**林文英**——用眼淚編織美麗人生
- 打火豪傑**陳明德**——不愛橫財愛寶劍
- 殯葬改革急先鋒**李萬德**——讓生命回歸自然